U0162617

装备科技译著出版基金

国防工业中纳米技术的发展、创新和实际应用

Nanotechnology in the Defense Industry
Advances，Innovation and Practical Applications

[印　度] 玛杜丽·沙伦 (Madhuri Sharon)
[墨西哥] 安吉莉卡·西尔维斯特·西尔维斯特洛佩兹·罗德里格斯
　　　　（Angelica Silvestre Lopez Rodriguez）
[加拿大] 切特纳·沙伦 (Chetna Sharon)
[墨西哥] 皮奥·西富恩特斯·加利亚多 (Pio Sifuentes Gallardo)
　　　　但　波　杨富程　高　山　译

国防工业出版社
·北京·

内 容 简 介

本书密切结合国防现代化和武器装备现代化需要的新工艺、新材料，是关于纳米技术与国防建设的极少数书籍之一。主要介绍了纳米技术在国防、军事领域中的应用和研究进展。包括国防领域中的纳米技术、纳米技术在隐身和反隐身中的应用、用于自适应伪装和结构的纳米材料以及纳米技术在航空航天领域的应用等内容。

本书可用于研究人员、科学家、工程师、国防实验室的研发人员以及应用纳米技术专业的研究生学习，也可为纳米科技的潜在应用提供可用信息，并为我国从事相关研究的学者开拓视野，以此来促进学者进行基于纳米科技的军事研究。

著作权合同登记　图字：01-2022-4694 号

图书在版编目（CIP）数据

国防工业中纳米技术的发展、创新和实际应用 /
（印）玛杜丽·沙伦（Madhuri Sharon）等著；但波，杨
富程，高山译. —北京：国防工业出版社，2022.10
书名原文：Nanotechnology in the Defense
Industry Advances, Innovation and Practical
Applications
ISBN 978-7-118-12671-6

Ⅰ. ①国… Ⅱ. ①玛… ②但… ③杨… ④高… Ⅲ.
①纳米技术－研究　Ⅳ. ①TB383

中国版本图书馆 CIP 数据核字（2022）第 162084 号

※

国防工业出版社出版发行
（北京市海淀区紫竹院南路 23 号　邮政编码 100048）
三河市腾飞印务有限公司印刷
新华书店经售

*

开本 710×1000　1/16　印张 12¼　字数 216 千字
2022 年 10 月第 1 版第 1 次印刷　印数 1—2000 册　定价 88.00 元

（本书如有印装错误，我社负责调换）

国防书店：(010)88540777　　书店传真：(010)88540776
发行业务：(010)88540717　　发行传真：(010)88540762

序

  我认识本书的主要作者已经6年了。有句古训:"智慧和经验随年龄的增长而增长",这句话用来形容她真是再恰当不过了。我第一次见到她是在一次精神方面的会议上,那时我就注意到了其在整体研究方面所具有的非凡能力,因为她的精神信仰可以让她超脱于任何特定组织或个人的利益去进行包容的思考。Madhuri Sharon博士是终身学习者的缩影,她总是在寻求新颖的方法和技术。我一直热爱并赞赏她在纳米技术这个革命性领域的奉献精神和重大贡献,从生物医学应用到现代军事系统的使用,纳米技术在各个领域都取得了长足的发展。

  纳米技术在军事领域的大量应用中,都体现了"小即是大"的流行论调。本书中作者介绍了纳米技术的先进特点,这些特点可以很好地融入到当前用于战争的军事战术中。纳米技术提供了多功能材料,如纳米战斗服、纳米武器、纳米传感器、隐身和伪装设备,有助于有效保护士兵和为其提供更好的战场感知。现有军事装备的小型化使其具有体积更小、重量更轻、易于隐蔽的特点,可以为对抗敌人时提供重要的战略优势。

  本书填补了士兵陷入险境时预防方面的创新空白,同时强调为了保护国家未来安全,掌握纳米技术对国防工业的技术进步是很有必要的。

Sushil Chandra 博士

科学家"G"和生物医学工程系主任

核医学及相关科学研究所(INMAS)

国防研究与发展组织(DRDO)

印度,新德里

2019 年 8 月

前　言

　　全球范围内，超过半数的区域面临战争，或经历类似战争的动荡及复杂的安全局势。全世界范围内的科学家，包括纳米技术方面的专家，都忧心忡忡并且想要做出自己的贡献。我们的时代面临的挑战，包括对军队在各个层面的新要求，在本书中都得到了解决。随着时间的变化，战争的性质也在发生着变化。因此在这个动荡不安且不可预测的世界里，为国防人员提供必要的实用工具至关重要。本书中阐述了随着纳米技术以及现代的、面向未来的、引人注目且具有竞争力的军事支持系统的应用，国防支持系统的各个领域均获得了提升。

　　考虑到上述问题，本书章节内容专门讨论了纳米技术在各个方面服务于士兵的创新机遇。例如，智能服装和战斗服、医疗治疗和诊断支持、改良型空中和陆地载具、便携式能源以及纳米传感器；也讨论了纳米技术支持的隐身和反隐身技术、雷达吸波材料、计算机在国防和纺织方面的作用。此外，书中章节还针对化学和生物战争进行了介绍。

Madhuri Sharon

Mumbai

2019 年 8 月

目　录

第 1 章
国防领域中的纳米技术

Madhuri Sharon

印度马哈拉施特拉邦，肖拉普尔郡，阿肖克乔克市，W. H. Marg WCAS 纳米技术及生物纳米技术 Walchand 研究中心

科学，就是对自然和物理世界不断质疑与无私的探索。它完全独立于个人信仰。随之而来的是一个重要和基本的道理——没有证据证明其绝对的真实性时，无论如何都绝对不轻易接受。

诺贝尔奖得主哈罗德·沃特·克罗托（Harold W. Kroto）先生

1.1 介 绍

纳米技术作为一门新兴科学出现时，已经引起了世界各科学分支科学家的关注。同样地，来自不同生活和管理领域的人，开始意识到纳米技术所带来的影响。来自军事、安全和国防领域的各个机构，都开始考虑这种技术的应用。人们意识到纳米技术在诸多领域起到重要的作用，例如，军队功能、高速运输和能力、士兵安全、飞机改良、指挥系统、控制、通信和监控、自动化与机器人技术、创新传感器、先进战斗机和作战系统能力、电化学电力，包括电池或燃料电池以及其他更多领域。

纳米技术被许多发达国家，特别是国防部门视为对国家经济和安全具有重要意义的技术。本章节主要介绍正受到纳米技术影响的国防领域。几乎世界上所有国家都在进行研究，想要了解这个"小科学"将如何帮助保护他们的国家。

1.2   什么是纳米技术

让我们简单地探讨下这个话题。我可以写一本关于纳米技术的书，但这超出了本书的范畴，因为本书讲的是纳米技术在国防中的特定应用。简言之，纳米技术是一门科学，主要研究 1~100nm 纳米材料的性质（图 1-1），这门科学的出现是有远见的诺贝尔奖获得者 Richard Feynman 教授富有成果的思想结晶。纳米技术几乎彻底改变了每个领域，如医学、电子学、信息技术、地质学、空间技术、材料科学等。关于这一科学，有足够的证据证明，物体在宏观尺度和微观尺度的表现与纳米尺度下的表现大不相同。纳米物体的表现模式和结构性质均发生了变化。将固体的大小从微观层面缩小至纳米层面时，其外观将完全改变，对金属而言尤为如此。黄金在宏观尺度上显示为金黄色，而在纳米尺度上时，其颜色将根据尺寸大小变为红色或蓝色。

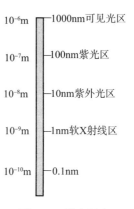

图 1-1　纳米尺度

纳米材料性质上的改变，使其在物理、化学、材料科学、计算机、工程、医药和生物科学等领域得到了巨大的应用。因此，各方都在争抢着进入原子和分子的微小领域。纳米技术和纳米科学的主要目的和目标，是在纳米尺度（1~100nm）领域探索和理解纳米粒子中奇怪但有用的特征。由于受到粒子中电子尺寸小于大部分电子离域长度的限制，因此纳米粒子展现出了这样的物理化学和光电性质。通过简单的纳米粒子尺寸改变，可以实现调节光吸收和发射性能（量子点）的能力，该能力在材料易带隙工程和量子点增长方面特别吸引人。

总而言之，纳米技术是主要研究 100nm 以下的尺寸和容差的一个技术分支，特别是单个原子和分子的操纵或是在原子、分子和超分子尺度上对物质的操纵。这种小的工程材料表现出了独特的性能，这是体积更大的同类材料所不具备的。

纳米材料的独特性质被应用于多个领域，包括化学反应、力学强度、电性能、光学性能、热性能、耐久性和量子效应。很难说哪个国家的国防部是第一个开始研究使用纳米技术的可能性的。但是，美国国防部在广泛领域的大力投入证明他们一直在投资和研究纳米技术的应用。其中主要包括 3Hz~50GHz 敏感频谱分析仪、纳米电子学和传感器用量子点、用于化学传感的力学高 Q 值谐振器（悬臂、纳米线）、用于 DNA 检测的纳米磁性材料、高能材料用纳米尺度铝粒子、最小单个有机发光二极管（OLEDs）装置、长储存期食物包装（纳米黏土聚乙烯（PE）复合材料）、扭曲纳米管线制成的高强度纤维和半导体无掩模光刻工艺。

亚洲国家及地区中，日本是投资纳米技术的领先国家，其次是中国和中国台湾。

欧洲国家中，德国、俄罗斯、英国和荷兰等国也都在开展关于纳米技术的项目。

1.3　纳米技术为国防带来创新机遇

起初，许多人认为纳米技术的应用提供的希望远不及所宣传的那样。但是随着足够多的幻想变为现实，在科学家们经过考虑和共同努力下，他们已达成共识，纳米技术可以为国防领域的许多需求提供力量和增强效能。设想纳米技术必须投入的领域包括士兵安全、武器、航空学、舰艇、汽车、卫星和后勤。

1.4　士兵纳米技术

目前，士兵安全方面最大关注点是开发一套纳米战斗服，这套服装如氨纶纤维一样薄，内部设有健康状态监控和通信设备，可以像盾牌一样抵挡子弹，保护士兵免受生物和化学攻击。这是为了士兵的健康和安全考虑。纳米技术对这种开发至关重要，因为如果不利用此种小型化技术，这种轻便和可穿戴系统就无法提供相应功能。

1.4.1　应用纳米技术的智能服装

在原子和分子尺度上操纵材料，生产出的衣服具有如下特性：

（1）因其更大的温度变化耐受性，以纳米技术为基础的纤维既可使身体保持温度也可用于降温。

（2）可以使用太阳能供电的织物为电话充电，也可以为手机或 iPod 充电。因为织物纤维可以被改进，这样它们的物理特性可以随着温度变化，所以温度变化可以打开或锁紧织物的编织模式。

（3）表面包覆抗微生物纳米粒子的抗微生物纳米织物，可用于保护士兵免受微生物感染。

（4）设想中的另一种可能性是使用涂有密封杀虫剂的织物来消灭蚊子。

（5）考虑到士兵可能面对烟雾或有毒气体，科学家正在研制配有密封气体的织物，在必要时释放气体以应对此种情况。

（6）碳纳米管与聚合物复合制成的高强度纤维可用于无纺布垫。

（7）多功能织物是对士兵安全保护的另一种设想，通过将纱线与纳米材料混合，对其表面性能进行改良和功能化，然后将其织成织物。可开发的新特性将用于传感、能量收集和能量储存。

1.4.2　隐身与自适应伪装

科学家一直梦想着在许多小说和电影中实现被夸大呈现的事物——隐身人。为此，人们想出一个方法，制作一个操纵光的披风或是织物，这样穿着它的士兵不会被他人看见，也就实现了隐身。"超薄可见光隐身皮肤斗篷"就是这种想法的产物[1]。因使用超材料，且通过新的光学材料操纵光穿过的路径，人们称其为超材料隐身。超材料可以指引和控制特定部分光谱的传播与传输，使物体不可见。

这一结果基于这样一个事实：即我们如何看到任何物体取决于光线的作用，光线被物体反射并扭曲。扭曲的发生是因为物体的角度和曲线。

然而，若物体比可见光波长小（300～700nm），则光会径直穿过物体，我们就看不到该物体。这也就解释了为什么放大率已经很大，在光学显微镜下依然看不到纳米粒子的原因。使物体隐身的斗篷开发，就是基于该原理。若要让斗篷材料隐身，其上应完全覆盖不同纳米尺寸的小金块。尽管这看似超出了我们的能力范畴，但很快将成为现实。尤其是看到 Hao 集团关于电介质"表面波斗篷"的报告[2]，我们知道这种幻想在不久的将来会成为现实。他们用工程梯度指数材料（七层超薄层，每层都有不同的电特性）制作了一个斗篷，使用纳米复合材料通过先进的添加剂制造，并用斗篷覆盖了一个大约网球大小的弯曲金属板表面来控制表面波的传播。通过与电磁波相互作用，七个超薄层可以隐藏任何物体。否则，电磁波会撞到物体并向不同方向散射。

通过数值模拟和测量，对该器件进行分析设计和验证，结果表明该器件作为一种有效的表面波隐身器件，具有良好的一致性和性能。这种"表面波斗篷"的独特方面在于，它可以使弯曲的表面在接触到电磁波时显得平坦。它们用工程梯度指数材料制成，带有七层超薄层，每层都有不同的电特性。通过辐射探测，这一技术也可用于逃逸探测。

自适应伪装是另一种关注电致变色伪装的方法，例如，利用纳米粒子涂层织物，其可以迅速变色并融入周围环境。织物颜色变化是基于反射式电致变色装置。自适应伪装会根据环境变化而改变颜色。变色龙板可用作覆盖坦克、汽车甚至是作为士兵的衣服。

Gorodetsky 和 Xu 解释道，在他们的相关专利工作中，该装置由整个织物主色的原色色斑和这种织物上修补的副色斑组成。该织物是一种柔性导电纺织品，含有离子储存层、电解质层、导电织物的主色伪装、电致变色聚合物层、透明保护膜层和导电柔性导电织物伪装织物。它通过电线连接到正负电源。因为使用两个织物电极，所以它使织物变得可以穿戴。此外，低电压的电致变色聚合物和反射结构，可以人为控制使之成为两种或多种快速变色的伪装类型。

美国 Luminex 公司采用集成玻璃纤维+发光二极管（LEDs）光源，将光纤编织成织物并制成发光纤维。超亮的 LEDs 附着在这些无色的纤维上，这些纤维受到微芯片（电池供电）控制，它可以指示 LEDs 发出不同的颜色，然后增加了光学传感器，因此这些衣服可通过不断改变颜色来配合周围环境而发光。

1.4.3　装甲织物

对于国防人员来说，士兵的防弹和防碎装甲将是非常有益的。它不仅有益于军队，也有益于消防队员、警察和其他应急人员。当今的装甲，例如，智能装甲不仅可用来防护，而且经过纳米技术研究后，可以感知子弹或飞溅弹片的影响并自动硬化，这会使它更难穿透，甚至比军队人员现在穿的陶瓷板盔甲更轻便。研究人员正在研究将以下材料用作装甲。

1.4.3.1　人造肌肉

人们正在考虑将人造肌肉编织到盔甲上，这种盔甲可以使士兵跳过高墙。这种材料使用纳米技术和电，当受到电的振动时会弯曲，然后在断电时松弛。

1.4.3.2　牢固、轻便和自我修复材料

大自然一直是科学家进行许多发现的指导力量。鲍鱼海螺的使用就是这样一种指导思想，可以帮助科学家们寻找坚固而轻便的盔甲。鲍鱼的壳牢固、轻便且可以自我修复。为了达到获得牢固、轻便和自我修复材料的目的，科学家使用嵌入环氧树脂基体的 SiO 或 TiO_2 纳米粒子，开发出了一种性能提升的防弹衣。液体聚合物中的 SiO 纳米粒子，在弹道作用下变硬（剪切增稠液体）。同样地，分散在惰性油中的铁纳米粒子，可以在电脉冲刺激下硬化（磁流变液）。

1.4.3.3　钨用作超强材料

钨强度是钢的 5 倍、是目前所用的抗冲击材料的 2 倍，因此目前正在尝试将钨用作基础材料。它将被用作一种新型的纳米防弹衣材料，以提供弹道保护，而且对于车辆装甲、盾牌、直升机和保护罩而言都非常实用。

1.4.3.4　碳纳米材料

碳纳米材料（CNMs），尤其是对那些具有洋葱状分层或具有多壁结构的多壁碳纳米管（MWCNTs，图 1-2），当嵌入聚合物时，也表现出了坚固和耐

用的特性。目前正在研究制造纳米尺寸的雨伞，打开后封住布的孔隙，使其不受空气中的化学物质和病原体的影响，这将比目前防御生化战所需的设备更容易且更轻便。

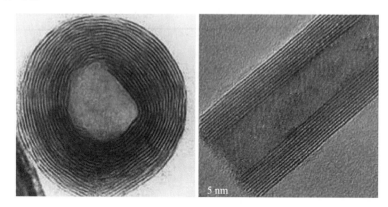

图 1-2　从两个不同角度拍摄的多壁碳纳米管的透射电子显微镜
（TEM）图像，显示了中心为多壁所包围的管腔

1.4.3.5　未来作战服

结合上述纳米技术和纳米电子纺织品发展的未来作战服，将抵御各种威胁（子弹、手榴弹碎片、生物试剂和化学试剂），其更轻便并将通过打印和嵌入在纺织品上的生理传感器监控主要指标（例如，监控心率、呼吸、体温和脱水情况的心电图（ECG）传感器）。这些衣服将包含一个电网和能源发电系统，使用氧化锌（ZnO）纳米线在纺织纤维上作为压电纳米发电机。为了应对极端温度环境，纺织品热管理技术将使用碳纳米纤维和碳纳米管（CNTs）进行导热、通风、保温和局部冷却。同时，它们将配备用于通信和识别的外部传感器。

科学家们也在考虑为坚固、轻便的背包和鞋子赋予智能装甲特性。

Tel Aviv 大学已经研制出了蛋白质纳米球。这种材料是透明的，且可以实现自我组装。其性能比不锈钢和凯夫拉纤维（Kevlar）更好。这种材料可以用于防弹衣和医疗植入物，以及增强现有复合材料和陶瓷的性能。

1.4.4　快速强化医疗救助

对士兵提供医疗帮助需要采用不同的方法。军事研究纳米技术并制造轻便、坚固和多功能服装材料的主要目标之一就是改善士兵的医疗和伤亡护理，这种服装材料既可以保护士兵，又能增强他们之间的连接。

1.4.4.1　利用纳米科技提供诊断支援

为了监测士兵重要生命体征，如心率或大脑信号，敏感元件和天线可以通过传感器传递信息，这些敏感元件和天线可以织进衬衫甚至枕头里，供受伤士兵使用。这些传感器还可以通过无线电向医务人员提供士兵的位置。如果没有嵌入纺织品中，也可以使用装有传感器和微型无线电的贴片。另一个未来的方法将是研发医用纳米机器人和纳米增强侦察通信装置提供快速强化医疗救助（如微型雷达）。

1.4.4.2　纳米止血带

为了帮助胳膊或腿受伤的士兵，科学家们已经开发出了纳米纤维（被编织成一体式的织物）。这种织物会收缩成止血带，从而在受伤士兵得到治疗前防止失血。

1.4.4.3　抗毒素防护剂

抗毒素防护剂是用纳米技术制成的薄包装膜，可以检测致病微生物。

1.4.4.4　芯片实验室

为了获得更快的医疗帮助和支持，芯片实验室的概念正在研究中。在不久的将来，可能会出现一种便携式诊断工具，以便在需要时能够检测到损伤。一个芯片实验室将很多实验室功能集成在一个仅几毫米至几平方厘米大小的芯片上，并且可以使用体积少于皮升的极其少量的液体体积进行多参数分析。一个芯片实验室由硅、玻璃或带有微型泵和阀门的塑料制成，同时配有精密读出激光器和先进电荷耦合器件（CCD）相机等。手机实验室是一个概念，它可以将标准手机转换成检测艾滋病毒、疟疾等疾病的便携式血液诊断机。

纳米技术支持的治疗药物和靶向药物传递系统，有望为受伤士兵提供及时的医疗帮助。

1.4.4.5　原位组织修复

原位组织修复属于再生医学的一部分，纳米技术通过携带 DNA 的生物活性纳米粒子来刺激人体原位生成新的细胞，从而诱导特定的细胞生长。一些基于纳米粒子的仿生支架被开发出来，以优化支架上新细胞的吸收和生长。这进一步得到了分子纳米马达的支持，以合成药物、修复受损的 DNA，并在细胞中释放药物。

1.4.4.6　人造器官

为了制造人造器官，人们设想了许多基于纳米技术的方法。纳米材料将用于选择性过滤和血液净化（用于感染性休克和急性中毒、肾或肝衰竭的患者）。科学家们设想开发出一种可穿戴、配有体外纳米透析系统的人工肾，该系统结合了微型泵和纳米/微型传感器，以及一种可穿戴的血液净化装置。市面上的智能灵活电话和 GPS 导航系统，已经能够支持即时医疗。

1.4.5 食物和安全饮用水

纳米技术为改善食品加工、包装和安全性提供了巨大的帮助，不仅提高了食品的风味，而且保留了加工食品的营养价值。它预计将由使用传感器（用于土壤、作物生长和病原体监测）的精准农业、智能农药和由生物激活触发器指示的自动缓慢释放纳米肥料来支持。

含有纳米粒子的纳米食品和添加物，也称作纳米药剂，目前正在研制中。通过装入纳米胶囊的方式，可以储存可降解维生素，同时提高了营养品和增味剂的生物利用度。

基于纳米技术的智能包装，是纳米技术在食品存储中的另一个优势。在识别和排斥细菌的抗微生物与防紫外线添加剂的作用下，纳米包装材料将起到扩散膜的作用。未来有可能开发一种包装材料，通过使用荧光纳米粒子检测化学性或食源性病原菌，该材料可以显示（基于聚合物发光二极管）有关产品来源、生产历史和营养状态的信息（如自我信号标签和包装显示）。人们还设想了在温度、湿度、时间等方面，使用可生物降解的纳米传感器。基于 TiO_2 纳米粒子的透明紫外线保护膜以及抗菌、抗真菌（如银或锌纳米粒子）表面涂层，是另一种可能的用途。

利用 TiO_2 纳米传感器的光催化活性检测污染物，通过纳滤膜、凹凸棒黏土、沸石、活性炭和聚合物过滤器等多种途径成功地实现了水和空气的光催化净化。最成功的产品之一是一种士兵可轻松携带的便携式救生水瓶。这个瓶子有一层 15nm 孔的膜，可以阻止细菌和病毒通过。

1.5 加强监视提高保护和安全性

各国防实验室的科学家们正在研究一个革命性的想法，即制造重量不超过 10g 的纳米喷气式战斗机。这些远程控制的纳米喷气式战斗机和种子一样小，可以去任何地方。它们在室内和室外均可收集军事信息，并能携带高达 2g 的有效载荷。这些纳米喷气机将有助于保护士兵生命，并能提高作战效能。

由于碳纳米管（CNTs）具有优异的强度，其理论上的抗拉伸强度可达 120GPa，但实际上，单壁碳纳米管（SWCNTs）的最高抗拉伸强度为 52GPa，而多壁碳纳米管（MWCNTs）的最高抗拉伸强度为 62GPa。然而，问题在于如何维持这一强度。CNTs 是一种非常轻的材料，被认为是未来防弹衣和头盔的重要材料。

保护和监视需要以保密方式保存信息，以便只有知道如何解码的人才能读取。现有的密码体制使用基于数学的软件解决方案来分发密钥。问题在于，这些数学模型可以复制、解码和公开。

现在，已经开发出了一种称为量子密码学的新方法。利用量子物理现象保护语音、数据或视频通信是绝对安全的技术，首次使坚不可摧的安全防护成为可能。利用量子密码学，发送者将一串信息传输给接收器，其值由单个光子携带。即使入侵者拦截了它，其状态也会发生不可逆的变化。发送者和接收者都将发现它被截获，而在数字密码学中，却无法检测到入侵者的干扰，并且消息也可以被复制。

单光子探测装置是保密通信的终极设备。这些装置噪声低、运转速度快，并且单光子发生设备同时产生多个光子的概率很低。一个单光子发生装置包含谐振器结构，其中含有在砷化镓砷上选择性增长的自组织砷化铟（InAs）量子点，这证实了利用电驱动可以在光通信波段中产生单光子。

1.6　基于纳米技术的更小、更有效、更便宜的武器

世界各地的国防部门都在努力研制比现有武器更致命的武器。这种武器专注于精确瞄准、最小的重量和特征、最佳冲击损伤和机载情报。还需要开发非致命武器，其目的不在于完全摧毁敌人，而是暂时让他们丧失战斗力。

利用基于纳米技术的高强度和轻量化聚合物纳米复合材料，可以制造出这种武器。内置环境和射击监测传感器的隐身和智能蒙皮材料，也将起到很大作用。科学家正在努力研制以下武器：

（1）纳米锥形材料。其在撞击时锐化并能造成额外伤害。

（2）用于小型高效定向能量武器的量子结构，如定向微波和激光系统。纳米分散氧化铝也正被用作高能推进燃料。纳米技术同样用于装备武器系统，如 μ-雷达、μ-热辐射计（红外）和声学阵列的传感器，以实现更好的瞄准。

（3）用来制造紧凑而强大炸弹的纳米铝。这些炸弹将产生超高燃速的化学炸药，其威力比常规炸弹大得多。

（4）小而轻（不到几千克）的微型核武器，已经被许多国家提上议事日程。这些微型核武器利用超级激光在氘和氚的混合物中激发相当小的热核聚变爆炸，其威力相当于从小于 1t 到数百吨的烈性炸药。它们被称为未来大规模毁灭性武器。由于这些装置使用非常少的可裂变物质，因此"几乎没有放射性沉降物"。

（5）正如纳米运输靶向药物一样，高毒性物质向薄弱区域的靶向递送也

可以通过纳米技术完成。

1.7 纳米技术在更轻、更快的航空飞机领域的应用

目前正设想利用纳米技术开发轻型、智能制导、低视觉特征、高速和机动的战斗机与导弹，以及具有特定的探测、监视传感器和武器系统。

许多纳米材料展现出了超高强度或力学性能。对于 CNTs 来说尤其如此，这是因为其具有很高的固有强度。无论单独使用还是与其他材料（如聚合物）结合使用，CNTs 不仅能提供更强的材料，而且能显著降低重量。无论是在飞机还是陆地车辆中，一种更轻的材料也将成为士兵们的重要支撑。预计纳米技术将使总重量减少 2~3 倍。

为了制造更轻、更坚固的汽车或飞机，人们开发出了一种材料，这种材料由聚合物复合材料与其他纳米无机化学品、纳米片或纳米管以特定比例混合制成。常用的聚合物有环氧树脂、聚乙烯（PE）、聚丙烯（PP）、丙烯腈-丁二烯-苯乙烯共聚物（ABS）、涤纶树脂（PET）等，在其中混入纳米粒子，以增强力学、电子或化学特性。目前正在使用的纳米粒子具有不同的形状，如球形、片状、管状、纤维状、针状等。此外，海泡石和凹凸棒石纳米粒子、CNTs、层状双氢氧化物和蒙皂石、石墨烯或纳米石墨板、硅石、氧化锌和钛酸钡也正在尝试中。其中市场上已经存在的一种复合材料是由雅马哈（Yamaha）公司制造的纳米丝（NanoXcel），该纳米丝是聚氨酯基的纳米复合材料，剥离的纳米黏土分散在其中。这种屡获殊荣的复合材料重量轻、硬度高、坚固且耐用。雅马哈将其用于制造船体和引擎盖。

为了满足复合材料对于更好的电子和载流性能的需要，制备了层状纳米复合材料，该复合材料具有固定的聚合物与无机层比例且具有随无机层变化的聚合物链。

1.7.1 剥离纳米复合材料

剥离纳米复合材料具有优异的力学性能，如较高的拉伸强度和冲击强度、改进的疲劳特性、改进的阻燃性、改进的温度稳定性、增强的添加剂热稳定性、降低的线热膨胀、改进的结晶度、改进的耐有机溶剂性、改进的表面处理、增强的紫外线光稳定性、降低的氧和水汽渗透率及新的纳米颜料基（PlanoColors®）。

剥离的纳米复合材料层与层之间的聚合物链数量连续变化，间距大于 10nm。

1.7.2　单壁碳纳米管、双壁碳纳米管和多壁碳纳米管

单壁碳纳米管、双壁碳纳米管（DWCNTs）和多壁碳纳米管这些内腔直径为 $1\sim2nm$、纵横比为 103、104 的碳纳米材料，是用于剥离纳米复合材料的良好添加剂。它们展现出高达 $1\sim5MPa$ 的弹性模量、$30\sim180GPa$ 的拉伸强度、$6000S/cm$ 的电导率、$2000W/mK$ 的热导率和高达 $1500m^2/g$ 的表面积。美国国家航空航天局（NASA）开发了一种 CNTs 聚合物复合材料，它在电压作用下会弯曲。

1.7.3　纳米片和石墨/石墨烯纳米纤维

纳米片和石墨/石墨烯纳米纤维是增强纳米聚合物的良好添加剂。石墨板的厚度为 $1\sim2nm$、纵横比为 103，具有增强的化学、紫外线和热稳定性、抗拉伸强度、断裂韧性和扩散膜。

采用气相生长石墨、电纺纳米纤维或相分离液晶纤维等不同方法合成的纳米纤维，在纳米过滤系统中有着广泛的应用。同样，分散在聚合物中的片状纳米黏土，也发现具有紫外线稳定性和阻燃性。

1.7.4　电纺纳米纤维

电纺纳米纤维是通过施加 $25\sim50kV$ 电压，将聚合物溶液通过一个细喷嘴喷射而制成的，这将聚合物变成了直径 $50\sim200nm$、长几厘米的纤维。该工艺适用于陶瓷纤维、金属氧化物和碳的生产。作为催化剂、反弹道加固材料及绝缘体，这种高通量纳米纤维广泛应用与研究的领域包括非织毡、纳米过滤装置、吸收活性。此外，它们的选择性透气性被用于制造呼吸和防护织物。因为大的表面积对吸收和随后的电阻变化很敏感，所以人们正在研究其在传感器方面的应用。

另一种适用于轻型和快速飞机的材料，是纳米晶体金属（<100nm）和陶瓷。研究发现，铝、钛等材料在高压载荷作用下，单位体积内晶界表面积增大，硬度和强度可提高 $2\sim3$ 倍。

直升机是另外一个可能应用的领域。为了改进直升机旋翼的性能，人们正在研究改变旋翼的形状以延长其使用寿命，以及降低旋翼振动等。

1.8　用于海洋探测的隐身战舰和潜艇的纳米技术

纳米技术正被用于制造轻型、高强度、智能传感器引导、低能耗、安全、

防护性好和高舒适度的潜艇以及用于海洋探测的海军舰艇。具有这些功能的纳米材料是由塑料/聚合物、金属纳米粒子和碳纳米材料组成的纳米复合材料，它们有望在未来加以应用。由于先进的纳米传感器和无线通信技术，远程无人制导的可用性成为军事应用的必要条件之一。

海军舰船的动力需求应该通过使用轻型舰船、节能供电以及减少热、雷达和声波信号特征来控制。为此，人们正在考虑使用电力系统来实现低信号特征、氢燃料电池、小型化的无人潜艇。对于海上作业，需要创新研究水下遥控、电力和太阳能驱动的船舶。

1.8.1　用于隐身技术的微波吸收器

微波吸收器具有消除电磁波污染和减少雷达信号的能力；因此，它们在民用和军用中都有应用。据 Emerson 公司报道[3]，第一个电磁波吸收器于 20 世纪 30 年代中期问世，用于改善 4GHz 天线的前后比。随着雷达技术的发展，雷达吸波材料（RAM）技术越来越受到人们的广泛关注。RAM 被涂在目标上，改变了目标的电磁特性，使其能在宽频带或离散频率下吸收微波能量[4]。舰船金属表面涂有 RAM，通过减小雷达截面积，即雷达系统的发射波从给定目标反射时所"看到"的实际面积，来降低目标的雷达信号特性[5]。由于无线和微波通信技术的进步，通信市场经历了巨大的发展，因为 1~20GHz 频段的微波吸收器具有电磁干扰（EMI）屏蔽和雷达探测干扰的双重用途，所以对它的需求在不断增加。干扰是指利用雷达工作频带内噪声功率辐射来迷惑或欺骗雷达，让雷达认为干扰是通信系统。由于这两种用途，抑制 EMI 和满足电磁兼容（EMC）已成为行业内处理手持电话系统的 1.9GHz 高速无线数据通信系统及 2.4GHz 无线局域网（LANs）的一个基本要求。除了移动通信系统外，卫星通信系统和自动取款机（ATM）也工作在 GHz 范围[6-8]。

在国防隐身技术中，微波吸收器是对抗雷达监视的有效手段[9]。在军用飞机和车辆的外表面应用微波吸收涂层也有助于避免被雷达探测[10]。

基于纳米技术的美国下一代战舰即将问世。这些军舰都是电力驱动的。据称，基于这项新技术的战舰效率更高、生存能力更强且成本相对更低。

1.8.2　隐身船只、飞机和车辆

纳米技术方面的专家已经开发出了隐身的左手超材料，这种材料显示出负折射率，因此对人眼、移动雷达和热寻的导弹来说几乎是看不见的。虽然这听起来像是个幻想，但很快就会成为现实。

左手超材料是堆叠的微米或纳米结构，具有电磁辐射（如雷达、红外线和可见光辐射）的谐振器功能。介电常数 ε_0 和磁导率 μ 均为负值时，在谐振频率下，超材料可能呈现负折射率。普通材料的介电常数和磁导率均为正值，称为右手材料。在具有负折射率的材料中，入射的辐射不会被材料反射或吸收，而是像在波导中一样，沿着其表面被引导和传输。因为辐射在物体周围弯曲，所以人们看不见物体，但可以看见物体周围。

美国多所大学、比利时 Louvain – la – Neuve 大学、英国 Imperial 学院、Karlsruhe 理工学院和德国 Stuttgart 大学的合作研究已经建立了基于这一概念的原型材料。

1.8.3　雷达吸波材料：碳纳米管

第一个也是最常见的 RAM 是由涂有铁氧体的小球组成。将此涂覆到飞机上，雷达波在涂层中的交变磁场中引起分子振荡，从而将雷达发射能量转换成为热量。热量被飞机吸收，然后消散。

目前使用的另一种改进 RAM 由氯丁橡胶聚合物板组成，其中嵌入了铁氧体颗粒或 CNTs。

当界面反射波和入射波的相位差为 180° 时，吸收层厚度接近于工作频率的 1/4 波长。

1.8.4　雷达吸波材料：离子液体

含有可吸收微波的分离阳离子和阴离子的聚离子液体与离子液体，是另一种替代微波吸收的方法。离子液体聚合物是由含有离子液体基团的单体聚合而成。这些聚合物非常稳定，且具有很高的微波吸收性能。它们可以制成薄膜，配制成涂料、油漆或其他应用。

Zyvex 科技公司使用碳纤维纳米复合材料，制造了一艘"水虎鱼"（Piranha）船。这艘船的强度比铝船强 40%，重量要轻 75%。它的燃油消耗量非常小，因此可以在海上停留更长的时间。人们将其视为一个无人操作的平台，可用于多种应用。此外，未来它还可以取代昂贵的航空母舰。

1.9　汽车纳米技术

国防领域使用的车辆应具有轻量化、多用途、智能引导、节能、安全和保护乘客的特点。用于武器探测和监视的装甲保护与特定监视系统也必须加以考虑。

美国国防高级研究计划局（DARPA）正在研制一种可变形车辆，它可以在公路上行驶，也可以在陆地上垂直起降。飞行器在空中飞行时，它的身体会变形（伸出翅膀），在陆地上或高空飞行时，它又会把翅膀拉回来。它还可以穿越崎岖的地形，避开地雷或伏击，同时还能在道路上行驶。

在车身和车窗（现代大多采用聚碳酸酯制成）上涂覆防刮性涂层，以保护表面和底层不受机械损伤、化学和紫外线降解的影响，并且最好是将其纳入汽车涂料系统中[11]。此外，为了提高燃油效率，采用免喷涂工艺（MIC）塑料制造更轻的车身，从而取代喷涂后的内饰和外饰部件。

由于某些纳米粒子可以提高表面硬度和抗压痕能力，因此为了提高汽车涂层的防刮性，Barna 等[12]已经通过引入纳米粒子，对透明涂层防刮纳米复合材料展开了研究。纳米粒子可以均匀地分布在整个涂层中，也可以设计成优先分离到顶部表面。

另一项尝试是在聚合物基材上，制备由共溅射铬锆合金组成的薄膜纳米复合材料。这是因为晶体材料的晶粒度小，晶界复杂，非晶相的原子堆积密度较低[13]。然而，因为风化过程中的形态变化可能会降低这种方法的有效性，所以目前人们正在对纳米粒子使用的诸多担忧进行讨论[14]，如纳米粒子涂层表面长期防刮性能。

另一种对抗刮伤的方法是开发出一套自愈技术。

1.10　卫星纳米技术

人们需要利用军事卫星完成观测、检查、通信、收集信息等任务。国防领域中应用的成群纳米卫星的优点是可以使用它们来摧毁其他间谍卫星、拦截通信或进行观测。

纳米技术目前正用于制造轻量化、小型化的部件，从而制造出非常小的卫星。这不仅能降低它们的制造成本，而且还能降低将其送入太空轨道的成本。目前正在进行的分布式网络的试验均针对小型卫星，而并非针对大型卫星。根据重量，可以把小型卫星划分为小卫星（50～500kg）、微卫星（10～50kg）、纳米卫星（1～10kg），甚至比纳米卫星还小的皮卫星（<1kg）。每颗微型卫星都有自己的太阳能电池板作为能源。最终目标是开发一个完整的芯片卫星（皮卫星）。一颗名为 Delfi-C3 的微型卫星已于 2008 年发射升空，其体积为 3kg，大小为 10cm×10cm×30cm。其上搭载了薄膜太阳能电池、两个自主的无线太阳传感器和一个微型特高频-甚高频转发器。

1.11　便携式能源/电源用纳米材料

所有防御作战系统都需要能量供应，如可穿戴的隐身伪装服或服装、头盔或头部防护装置和手持武器、综合传感器与通信等。因为可穿戴电子设备、电动汽车和机器人需要能量密度高的轻质电池（表 1-1），所以能源供应系统必须是低重量的微型电源。

正在研究的领域如下所述

表 1-1　车辆使用的不同电池技术及其能量密度

电池技术	能量密度/（W·h/kg）
旧技术：铅酸	30~40
成熟技术：镍金属氢化物	30~80
最新技术：锂离子电池	150~300
·锂碳/磷酸铁	
·锂钒氧化物/氧化钴	
·锂聚合物	
研发中：钠离子	400
未来：纳米锂离子	1000~2000
·锂-氧化钒气凝胶	
·硅纳米线锂离子	

1.11.1　便携式燃料电池

燃料电池（FC）由纳米多孔膜和纳米结构催化剂组成。可用的便携式FC，是在 2.5kg 丙烷和氢燃料电池上运行的固态氧化物型 FC。

1.11.2　可充电锂电池

锂离子电池以化学形式储存电能。因为纳米粒子具有更高密度锂夹层、优异的导电性和改进的扩散性，所以将其开发并用作金属氧化物纳米复合材料阴极。阳极的材料则使用石墨和金属合金。它提供更高的抗拉伸强度，以应对充电周期中体积的增加，并提供 3 倍的高能电极材料。

1.11.3　超级电容器

超级电容器将电能直接作为电荷储存在电极组上，电极由绝缘体隔离并覆盖一层电解质薄涂层。因为电极表面积决定了超级电容器的功率密度，所以正在研发具有较大表面体积比的 CNTs、纳米结晶材料和气凝胶。到目前为止，已开发的系统可提供高达 200F/g 的电容储能。

1.11.4　太阳能电池

如今，90%的太阳能电池都是由硅制成的。硅的制造成本高，但效率仅为14%。然而，在使用多层 III-V 半导体（砷化镓/硒化铟/碲化锗）（GaAs/InSe/GeTe）的实验中，效率已经达到了 50%。这些电池甚至比空间卫星系统所用的太阳能电池还要贵。为了降低成本和提高效率，人们正在开发基于纳米技术的太阳能电池，例如：

（1）硅纳米线太阳能电池。这类电池并没有显示出非常高的效率，目前为止最大效率仅为 18%。

（2）纳米线太阳能电池。这是另一种纳米线太阳能电池，它是基于铟锡氧化物（ITO）金属电极上的磷化铟（InP）纳米线，然后将纳米线电极平台覆盖在有机聚合物聚中（3-正己基噻吩）。一旦电子和空穴分裂，电子将沿着纳米线（电子高速公路）移动，并与电子捕获电极合并。电子从 p-n 结到电极的快速穿梭，可能是一种更有效的未来光伏器件。

（3）有机染料敏化太阳能电池（DSSC）。这类电池使用染料分子吸收光子和 TiO_2 纳米粒子捕获电子。DSSC 的成本比硅基太阳能电池的低 60%，但其效率却几乎达不到 10%。

（4）量子点太阳能电池（QDSC）。这类电池的效率预计高达 86.5%。在QDSC 中，通过改变其大小，可以调谐吸收任何波长的可见光。因此，与现有的硅基技术只能产生一个电子相比，每个光子都有可能产生三个电子。

1.12　纳米传感器

可以注意到，几乎所有与国防应用相关的发展和研究工作都以一种或另一种形式使用传感器，例如，通过光电池感知光、通过麦克风感知声音、通过地震仪感知地面振动和通过加速计感知力量。此外，还有感应磁场、电场、辐射、应变、酸度等的传感器。日常生活中，我们仍依赖于传感器，如机场、商场、酒店等处的金属探测器和用于建筑物保护的烟雾探测器等。纳米技术的出现使计算机发生了革命性的变化，并且使得计算机从中受益匪浅。同时，人们正在开发不同类型的超灵敏纳米传感器以适应各种应用。借助微机电系统（MEMS），利用纳米技术开发的传感器主要聚焦于①小型和超小型传感器，这些纳米传感器具有电子鼻和悬臂梁式分子传感器。②更智能的设备，这是纳米技术的另一个新应用。这些纳米传感器具有内置的"智慧"，可以在现场存储和处理数据，并且只选择最相关和最关键的项目进行报告。③更快的移动性，借助于当今无线网络工作技术，即使当传感器处于移动模式时，它们也可以从远程位置发送数据。在一个集成芯片中，这些纳米传感器具有功能集成的优势，功能包括传感、数据处理、存储、网络中的无线通信、高通量多并行分析、高仄克（1仄克为10^{-21}g）灵敏度矩阵阵列和方向信息。它们的生产使用较少的化学废物，同时成本低，功耗低。它们能够净化能量（太阳能、温度、力学）以持续供电。由于体积非常小，这些传感器是便携式和可穿戴的，可以在远程位置分析与自我操作，并且使用后可以任意处置。

人们已经利用纳米材料的独特特性开发了许多传感器。与传统技术制成的传感器相比，它们体积更小更灵敏。便携式、高效、高灵敏度红外热传感器将是军事上非常有价值的附加设备，如小型、轻型加速度计，运动和位置传感GPS，健康监测传感器和药物/营养输送系统。通过远程控制操控无人机现在已经变成了现实。

1.12.1　化学纳米传感器

化学纳米传感器是利用CNTs来检测气体分子的性质及其电离，而钛纳米管则用于检测分子水平上大气中氢的浓度。

1.12.2　力学纳米传感器

力学纳米传感器的工作原理是在惯性力、振动或压差的影响下，移动纳米悬臂梁、横梁或纳米线。

系统的变化可以通过电容式位移传感器或通过场效晶体管进行电子测量，也可以用激光偏转或通过氧化锌（ZnO）压电电势的表面电荷进行光学测量。可检测到小于$10\sim18$N 1kg·m·s^{-2}的力。目前使用的力学传感器包含三维加速度传感器、压力传感器和振动传感器。

1.12.3　磁性纳米传感器

磁性纳米传感器是利用具有量子特性且非常小的纳米粒子的独特磁性制备而成。这些超灵敏传感器的灵敏度为10^{-9}T。

1.12.4 辐射纳米传感器

这种传感器用于感应电磁辐射。为此，使用了一个光学尺寸为 50nm ～ 100μm 的纳米偶极子天线连接到微测热辐射计矩阵阵列上。利用量子阱结构制作了一种更灵敏的辐射传感器。在量子阱中，当电子被外部辐射激活时，电子将穿过一个势垒。它的信噪比很高，而芯片上数量众多的量子阱可以产生很大的信号输出。它已在红外和太赫兹辐射中得到了应用。

1.12.5 便携式微型 X 射线纳米传感器

这些便携式纳米传感器是用 CNTs 制成的。因为 CNTs 是非常有效的电子发射体，所以它们被用作电子源来产生便携式 X 射线检测设备所用的 X 射线。

1.12.6 表面增强拉曼光谱纳米传感器

表面增强拉曼光谱（SERS）纳米传感器用于检测多达万亿分之一范围的炸药和违禁分子，如 TNT、DNT、RDX、TATP、PETN、DMDNB 和可卡因。

1.12.7 智能微尘传感器

智能微尘传感器是一个非常小的传感器网络，它可以检测光、温度或振动的数据，然后将其传输到更大的计算机系统。然而，这项技术尚未实现。

1.13 物流纳米技术

物流技术涉及如何完善运输货物的安全保障，如何提高物流链的速度和效率。这需要自动化和无人操作来跟踪识别安全事故。纳米技术和先进的机器人操作将关键的有效载荷和材料运送到控制系统中可能相隔数英里的指定地点。将无人地面和空中车辆与高精度、多平台和打击能力相连接，从而保护过境物资也是一个需求。

更不用说，纳米技术还可以提供由纳米复合聚合物材料制成的用于物流的轻质容器，这种容器还可以吸收冲击和减少重力的影响。

由智能材料和传感器（化学、振动、热）组成的自动信号容器正在开发中，它将针对任何显示功能的缺陷报警。人们相信，纳米组装设备将减少物流需求。

1.13.1 更小更快的纳米相机

2013 年，来自 MIT 媒体实验室（Ramesh Raskar、Kadambi、Refael Whyte、

Ayush Bhandari 和 ChristopHer Barsi）和新西兰怀卡托（Waikato）大学（Adrian Dorrington 和 Lee Streeter）的一批科学家因生产出一种能够以光速运行的廉价"纳米相机"而备受关注。除在医学成像、汽车防撞探测器和互动游戏中的应用外，还设想了它能在防御中发挥的关键作用。这种三维摄像机，在提高运动跟踪和姿态识别设备的精度方面有着广泛的应用。相机是基于"飞行时间"的技术，这种技术中，物体的位置是根据光信号从表面反射并返回传感器所需时间计算而来。因为它可以在雨雾中工作，甚至可以穿过半透明的物体，所以它不能在三维空间中捕捉半透明的物体。这是因为光线从透明物体上反射，把背景涂抹成相机上的一个像素。但根据发明者的说法，半透明或接近透明的物体可以使用这些三维模型生成。"纳米相机"可以用纳秒周期振荡的连续波信号对场景进行探测，使用发光二极管可以实现在纳秒周期频闪。例如，相机可以在飞秒摄影的一个数量级内达到时间分辨率。只需通过更改代码，光路就不会混合，因此可以看到光在场景中移动。NASA 的成就之一是利用纳米技术开发了一种新的照相机，其中光子-等离子体-电子转换方法展示了一种新的探测器成像，它将入射光信号中的光子转换成表面等离子体波。等离子体波形成于 100nm 厚的与半导体衬底结合的金属膜中。金属膜上的狭缝有助于收集等离子体波，其能量集中在半导体衬底上并用于产生可生成测量电信号的电子/空穴对。狭缝定向非常重要的原因是其有助于从同一个成像芯片产生不同的偏振信号。因此，具有不同狭缝尺寸和方向的成像芯片可用来产生多光谱信号。

1.14　小　结

纳米科学、纳米工程和纳米技术将在军事和国防领域发挥重要的作用。纳米科学和工程的基础知识是优化任何过程的必要条件。本章简要概述了国防领域中纳米技术的发展。目前，有许多概念和理论上的可能性仍然处于研发阶段。然而，许多武器、结构材料、传感器、防护材料、电子产品等已经在军事上加以应用。纳米技术在生物与医学、能源与发电、信息与通信技术等领域的进展十分迅速。全世界都对以纳米技术为基础的军事研究进行了大量投资。许多纳米产品已经存在并实现了商业化生产，例如：

（1）加速度计。

（2）食品化妆品添加剂。

（3）状态传感器。

（4）过滤器。

（5）芯片实验室系统。

（6）纳米催化剂。

（7）纳米复合材料（纳米黏土和碳纳米管复合材料）。

（8）涂料。

（9）聚合物。

（10）胎压传感器。

（11）无线传感器网络。

国防组织从这些纳米产品中受益匪浅，并且现在正在将它们纳入到国防相关设备中。未来，纳米技术可以为士兵提供更好的装备、更高的安全保障和更有效的作战能力。它还将提供更好的战舰、更先进的武器和车辆。

参考文献

［1］Ni，X.，Wong，Z. J.，Mrejen，M.，Wang，Y.，Zhang，X.，Science，349，6254，1310-1314，2015，DOI：10. 1126/sci. ence. aac9411.

［2］La Spada，L.，McManus，T. M.，Dyke，A.，Haq，S.，Zhang，L.，Cheng，Q.，Hao，Y.，Sci. Rep.，6，29363，2016，DOI：10. 1038/ srep29363.

［3］Emerson，W. H.，IEEE Trans. Antennas Propag.，21，4，484-490，1973.

［4］Meshram，M. R.，Agrawal，N. K.，Sinha，B.，Misra，P. S.，J. Magn. Magn. Mater.，271，2~3，207-214，2004.

［5］Pinho，M.，Silveira，P.，Gregori，M. L.，Eur. Polym. J.，38，2321- 2327，2002.

［6］Ramasamy，D.，Proceedings of INCEMIC 97，7B ~ 7，IEEE Conference，New Jersey，pp. 459 - 466，1997.

［7］Chung，D. D. L.，Carbon，39，279-285，2001.

［8］Horvath，M. P.，J. Magn. Magn. Mater.，215-216，171-183，2000.

［9］John，D. and Washington，M.，Aviat. Week Space Technol.，129，28-29，1998.

［10］Stonier，R. A.，Stealth aircraft and Technology from World War II - the Gulf. SAMPE，27，4，9-17，1991.

［11］Sharon，M. and Sharon，M.，Nano Dig.，2，2，16-20，2010.

［12］Barna，E.，Bommer，B.，Kursteiner，J.，Vital，A.，Trzebiatowski，O.，Koch，W.，Schmid，B.，Graule，T.，Compos. Part A，36，473- 480，2005.

［13］Evans，D.，Zuber，K.，MurpHy，P.，Surf. Coat.，206，3733-3738，2012.

［14］Shi，X. and Croll，S. G.，J. Coat. Techol. Res.，7，73-84，2010.

第2章
隐身、反隐身与纳米技术

Madhuri Sharon

印度马哈拉施特拉邦，肖拉普尔郡，阿肖克乔克市，W. H. Marg WCAS 纳米技术及生物纳米技术 Walchand 研究中心

支持纳米技术的军用硬件——从作战士兵到超复杂的天基纳米机器人武器库——将使任何现有的大规模杀伤性武器，看起来犹如尼安德特人战士使用的棍棒和石头一样原始。

Chris Phoenix
纳米技术研究中心主任

2.1 介 绍

本章介绍了新兴的隐身和反隐身技术，以及推动纳米技术在其中应用的最新研究。隐身和反隐身技术是国防安全的一部分。防御需要攻防兼备的方法来保证安全。最新空中安全方法依赖于隐身飞行器、高科技、高清晰度的主动和被动传感器以及基于电磁的反隐身系统。

本章探讨了国防的攻防两个方面。飞机防护涉及隐身、反隐身、高清传感器和节能太阳能驱动飞机等方面的发展，隐身技术并非单一技术。这是一种技术组合，这些技术试图大大缩短探测人或车辆的距离，特别是缩小雷达截面积，同时还影响了声学、热学和其他方面。

在讨论纳米技术在隐身中的重要性之前，我们首先要了解什么是隐身以及为什么发展隐身技术。为此，我们必须研究雷达，因为它为发展隐身技术提供了动力。此外，我们还将研究以纳米技术为基础的隐身配套设施。

2.2 雷达——发展隐身技术的动力

2.2.1 雷达原理

雷达是用来探测运动物体，特别是飞机位置的系统。雷达的原理或概念基于两种理解：

（1）回波可以认为是一种从目标表面反弹并返回震源的波，这使得预测飞机平板（也称作小平面）产生的雷达影像特征成为可能。该原理可用于探测目标的时间和距离。一种更简单的描述回波的方法是：当声音发出时，声波从一个表面（或井底的水，或远处的峡谷壁，或山谷的山丘）反射回来，并传回我们的耳朵。从发出声音到听到回声的这段时间的长度，是由你和产生回声的表面之间的距离决定的。声音的回声，可以用来判断某物离我们的距离。

（2）多普勒频移是雷达的第二种原理，用于探测接近目标的速度。多普勒频移发生在运动物体产生或反射声音时。极端情况下，多普勒频移会产生声爆。为了更好地理解多普勒频移，想象一辆车以 100km/h 的速度向你驶来，喇叭响个不停，你会听到喇叭的一个特别"音符"。但当汽车经过你的时候，尽管喇叭一直发出同样的声音，但是你会听到一个调低的音符。听到的声音的变化就是由多普勒频移引起的。回波的多普勒频移可以确定物体的速度。

2.2.2 雷达如何工作

雷达通过定向天线，发射一定量的电磁能量。这种能量使它聚焦成一个锥形射束。当可反射的目标挡住部分射束时，该射束会向不同方向反射，向雷达天线方向反射的一些能量就会被探测到（图 2-1）。雷达以每秒千次脉冲的速度，传送这种能量。脉冲传输之间的间隔期，雷达就变成了接收器。脉冲发射和接收之间的时间间隔，就是从雷达到目标的距离。雷达看不到可见光，当天线捕捉到足够的能量，并高于接收器中存在的电子噪声时，它才能探测到反射回来的能量。

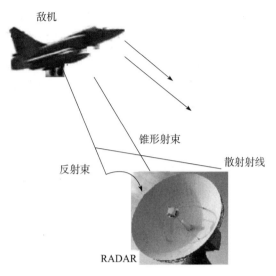

图 2-1　雷达系统中信号发送和接收方式示意图

2.3　什么是隐身技术？为什么要发展隐身技术？

　　第一批雷达跟踪系统是在 20 世纪 30 年代末开发的，目的是探测某一特定区域内的飞机。因此，雷达被视为军方的威胁。为了保护军用飞机不被敌人发现，就需要发展隐身技术。飞机的设计使得雷达探测、声纳和红外探测方法几乎不起作用（图 2-2）。大部分最新最先进的隐身飞机为：B-2 "幽灵"（隐身轰炸机）、F-22 "猛禽"（第五代、单座位隐身飞机）、F-117A "夜鹰"、UH-60 "黑鹰"（隐身直升机）、苏－35、米格－35、成都 JXX/J-20 和先进中型战斗机（AMCA）等。

　　前两种隐身飞机在 1989 年巴拿马战争中使用，另一种 F-117 则是在 1991 年伊拉克战争中使用。

　　用于降低雷达反射率、紫外线/红外特征和声学特征的隐身材料，包括特定油漆涂层，例如：

　　（1）导电炭、金属和玻璃纤维、带小泡沫的导电油墨或涂料。

　　（2）悬浮在各种橡胶、油漆或塑料树脂黏合剂中的细粒铁或铁磁体粒子。

　　（3）涂有导电填料或铁磁颗粒的陶瓷涂层。

　　（4）雷达吸波蜂窝材料。它是一种具有开孔的非常轻的复合材料。

　　（5）透明雷达吸波材料。

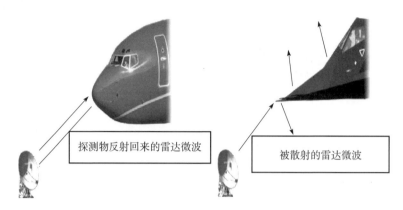

探测物反射回来的雷达微波

被散射的雷达微波

图 2-2　隐身飞机避免被雷达轻易探测的设计变化

（6）改变设计以避免被雷达探测。

（7）油漆和涂层的红外处理。

使飞机隐身需要复杂的设计，因为它涉及几方面工作，如降低对手传感器探测、跟踪和攻击能力。使飞机几乎看不见也就使它隐身了。这项技术是为了伪装军用飞机，使其在地面或空中都难以被发现。由于隐身技术的主要目标是使飞机对雷达隐身，因此产生了两种实现隐身方法：一种方法是改变飞机形状使其反射的任何雷达信号都反射到雷达设备之外。另一种方法是在飞机上涂上吸收雷达信号的材料。然而，还可以从六个其他方面对飞机进行隐身改造，如雷达、红外、视觉、声学、烟雾和尾迹。一些正在使用的流行飞机设计如图 2-3 所示。

B-2　　　　　F-22　　　　　F-117 A　　　　UH-60

苏-35　　　　米格-35　　　JXX/J-20　　　　AMCA

图 2-3　国防应用中的一些主流隐身飞机

2.4　隐身飞机设计的思考与实施

几乎自雷达发明以来，人们就一直在尝试使用以下方式降低目标被检测到的概率。

2.4.1　伪装

伪装是使飞机不易被敌人发现的第一种也是最简单的一种尝试。人们已经尝试了许多伪装方案，例如：

（1）对飞机进行反遮阳是为了降低其能见度，例如，用地面颜色（绿色和棕色）伪装涂覆上表面、用天空的颜色涂覆下表面、夜间飞行的飞机涂覆黑色。一般来说，隐身飞机使用无光油漆。

（2）主动或自适应伪装是另一项技术，该技术使颜色、图案和亮度迅速变化，以匹配背景或环境。主动伪装的概念是从几种动物身上获得的启发（爬行动物和头足类动物，如软体动物、鱿鱼和海洋中的比目鱼），它们通过改变颜色而保护自己。这项技术是在第二次世界大战期间发展起来的。如今，伪装方案中的灰色涂漆和 Yehudi 光也用于主动伪装。

（3）此外，人们还使用了带有侧视机载雷达和前视红外摄像机等的高飞行高度飞机。

2.4.2　等离子体主动隐身

等离子体是一种气体介质，其中原子分解成自由漂浮的负电子和正离子。离子是失去电子并留下正电荷的原子。等离子体有时被称为"物质的第四种状态"，这已经超出了人们熟悉的三种状态，例如：

固态	液态	气态	等离子体
冰	水	蒸汽	电离气体

等离子隐身中，会产生一个电离气体"层"，它包围飞机，使其隐身（图 2-4（b）），并降低雷达截面积（RCS）。它是一个准主动系统，其中雷达信号被等离子体接收和吸收/散射，等离子体能够吸收大范围的雷达频率、角度、极化和功率密度。等离子体吸收的波长将转换成热能，而不会被反射。

图 2-4　（a）等离子体隐身飞机和（b）等离子体包围隐身

通过使飞机对雷达或任何其他探测手段部分隐身，隐身技术减少了飞机的探测范围。但是，隐身技术并不能使飞机完全对雷达隐身。

2.4.3　让雷达信号失效或让飞机可见度降低

为使雷达失效，设想使用雷达吸波材料涂层。雷达吸波材料或微波吸收材料是最新技术，旨在减少飞机雷达截面积和红外特征。因为雷达截面积减小会使雷达影像特征减少，所以使用雷达吸波材料，可以降低目标的雷达截面积。

Horten Ho 229 飞翼喷气式飞机是已知最早的隐身飞机，它将碳粉浸入胶水中，以此来吸收无线电波。随着雷达技术的发展，因为有必要发展能吸收微波的隐身技术，所以人们对利用微波的 RAM 技术越来越感兴趣。目前，微波吸收器在民用和军用领域均取得了广泛应用。除了在飞机隐身上的应用，最近一项研究也为微波在电信技术的应用打开了大门。因为微波吸收器具有屏蔽 EMI 和反制雷达探测的双重用途，因此在 1~20GHz 频段内，对各类微波吸收器的需求有所增加（反制措施指的是雷达工作频带内噪声功率辐射，以迷惑或欺骗雷达，让雷达认为目标是通信系统）。这两方面的应用中，抑制电磁干扰、符合电磁兼容性已经成为高速无线数据通信系统行业的基本要求，这些系统在个人手持电话系统（PHS）中的工作频率为 1.9GHz，在局域网中的工作频率为 2.4GHz。这类系统也被应用于移动通信领域，例如在 5.8GHz 环境工作的电子收费（ETC）系统中，它可以防止系统错误操作[1]。除了移动通信系统，卫星通信系统和自动取款机也在吉赫范围内工作[2-4]。因此，为了让这些不同的系统和仪器共存而不产生有害电磁干扰，需要开发新的屏蔽和吸收材料，尤其需要抗电磁干扰涂层、自隐蔽技术以及高性能和大工作频带[5-7]的微波暗室[8]。在电子设备中应用合适的吸波材料有助于控制电磁波的过度自发射，保证设备在外界电磁干扰的压力下不受干扰地工作。

国防领域中的隐身技术主要利用微波吸收器有效地对抗雷达监视[9-10]。在军用飞机和车辆的外表面应用微波吸收涂层，也有助于摆脱雷达的探测。这项技术还应用于无人作战飞机（UCAV），如波音"幻影"射线（Boeing Phantom Ray）。

2.4.3.1　雷达吸波材料

1930年以来的微波发展史表明，人们一直需要开发高效的微波吸收器。随着微波在各个领域的应用越来越广泛，同时由于反制措施的存在，人们对吸收器的需求也越来越大。雷达吸波材料（RAM）的原理与镜子反射光束的原理类似。光源的位置与反射发生的角度决定了反射光的量，例如，若将镜子从0°旋转到90°，则在90°时，反射回与光源所在位置相同方向的光的量最大。另外，镜子倾斜90°以上时，随着倾斜角度增大至180°，相同方向反射的光的量急剧减少。

为了使飞机隐身，在其上涂上涂料，这种涂料就像小金字塔群一样沉积在飞机表面，它们之间的缝隙填满了铁氧体基RAM（图2-5）。不同角度射向这些微小金字塔的波，会使入射雷达能量在不同的路径或方向上发生偏转，进而形成了一个RAM迷宫。因此，金字塔结构起到RAM的作用，同时起着滤波器与微波或电磁能吸收器的作用。接下来学习什么是微波。

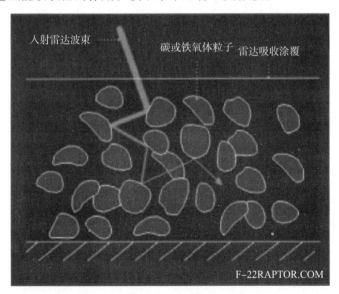

图2-5　铁氧体用作雷达吸波材料

2.4.3.2　什么是微波？

微波就是电磁波，其频谱频率为300MHz（0.3GHz）~300GHz。顾名思义，为了吸收宽带或离散频率的微波能量，需要在目标上覆盖雷达波吸收材料或RAM，从而必须改变目标的电磁特性。

舰船金属表面涂有RAM，通过减小目标的雷达截面积，即雷达系统的发射波从给定目标反射时所"看到"的实际面积，来降低目标的雷达信号特性。

因为微波具有消除电磁波污染及减少雷达信号的能力，所以常用于隐身技术中。另外，微波还有许多其他用途。

2.4.3.3　如何吸收微波？

微波的性质随传播介质的不同而不同。因此，有必要了解电磁波在不同材料介质中的传播状态，尤其是具有电介质和磁损失的电介质及导电材料介质中的传播状态（如铁氧体、金属粒子、碳或合成材料）。在前面介绍的几段内容中，因为微波在不同介质中传播时性质会发生变化，所以简要讨论了不同介质和相应边界条件中微波的传播和吸收理论。电磁波的传播特性取决于介质的电量参数（σ，ε，μ）和两种介质间存在的边界或界面。如图2-6所示，自由空间中离源头足够远的距离处，微波在横电磁波模中由一点传播至另一点，其中E场和H场彼此正交，并且均与正弦时变矢量场中的传播方向垂直。这两个场，即E和H，通过阻抗联系起来，称为波阻抗η，这种关系为

$$\eta = |E_t| / |H_t| \tag{2.1}$$

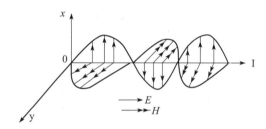

图2-6　微波在横电磁波模中的传播

此处，E_t和H_t表示电场和磁场相对于传播方向的横向分量。

求解E或H场的麦克斯韦方程，得

$$\blacktriangledown 2E + K2E = j\omega\mu J - \blacktriangledown\blacktriangledown . J/j\omega\varepsilon；\quad \blacktriangledown 2H + K2H = -\blacktriangledown . J \tag{2.2}$$

其中　　　　　$K = \sqrt{-j\omega\mu(\sigma+j\omega\varepsilon)} = \sqrt{-j\omega\mu\sigma+\omega 2\mu\varepsilon} = \alpha + j\beta \tag{2.3}$

式中：$K = \alpha+j\beta$为介质的传播常数；α是以dB或奈珀/米（$1NP = 8.686dB$）测量的传播常数的实部；β为相位常数，是以弧度/米测量的传播常数的虚部。传播常数的实部和虚部给出了一个观点，即介质中电磁波损耗是由衰减或相变引起的，或者受两者共同影响而引起的。因此，了解电磁波在不同介质中传播时K的性质至关重要，例如：

（1）有限电导率介质。电磁波在有限电导率介质 σ 中传播时，存在传导电流密度 $\boldsymbol{J} = \sigma \boldsymbol{E}$，因为焦耳热的关系，所以会有衰减 α。

频率低于光学区（如微波区）的电磁波中，良导体（$\sigma \gg \omega\varepsilon$）的传播常数为

$$K = (1+j)\sqrt{\pi f \mu \sigma} = \alpha + j\beta$$

（2）不导电或无耗介质。不导电或无耗介质中，有

$$\boldsymbol{J} = 0, \quad \boldsymbol{\sigma} = 0$$

该介质传播常数为

$$K = \omega (\mu\varepsilon)^{1/2} \qquad\qquad (2.4)$$

（3）自由空间。自由空间中（$\sigma \sim = 0$），传播常数为

$$K = \omega (\mu_0 \varepsilon_0)^{1/2}$$

式中：μ_0、ε_0 分别为自由空间的磁导率和介电常数。

当电磁波在介质中传播时，它表现出一个重要的特性，即能将能量从一点传输到另一点。通过单位面积传输的时间平均功率为

$$P = 1/\mu_0 (\boldsymbol{E} \times \boldsymbol{B}) \text{ 或 } (\boldsymbol{E} \times \boldsymbol{H}) \qquad\qquad (2.5)$$

式中：P 为坡印亭（Poynting）矢量；E 为电场；H、B 分别为磁场和磁感应强度（粗体字母表示矢量的量）；μ 为周围介质的介电常数。

对于自由空间中传播的电磁波，μ 变为 μ_0，即自由空间的磁导率。坡印亭矢量是在考虑能量守恒和磁场不做功的情况下得到的。该矢量在解释电磁波在物质介质中电场损失方面起着重要的作用。

另一个考虑因素为微波在不同条件下的损耗。如上所述，微波在介质中传播时，微波阻抗随着传播的材料介质的不同而变化，此时微波是光学区以下的电磁波。电磁波在不同介质中的传播常数（例如，衰减和相位常数之和）随波阻抗的变化而变化，从而给出了电磁波在介质中损耗的概念。

2.4.3.4　微波传输结构

了解矩形波导和平面传输线，特别是微带线等微波传输结构具有重要意义。微波电路和器件构成了微波传输线或波导的一段或多段。微波信号以电磁波的形式通过这些线路传播，并从这些线路的相关连接处散射到明确的方向或端口。

传统的开放式电线不适合微波传输，因为在高频率下，当波长小于这些线的物理长度时，会产生高辐射损耗。

David Pozar[11] 认为的结构如下：

（1）单导线。例如，矩形、圆形和脊形波导。在这类线中，传输模式是横电磁波模或准横电磁波模。

（2）多导线。例如，同轴线、带状线、微带线、开槽传输线和共面线。这里的模式要么是 TE 波，要么是 TM 波，或者两者都是。

（3）开放式边界结构，如介质棒。除了可能的轴对称模式外，这种波是纯粹的 TE 或 TM 波，这些线支持 TE 和 TM 波的混合波，称为混合 HE 模式。

输入阻抗、反射系数、传输系数、特性阻抗的关系式均适用于工作在单模微波波导[12]。

2.4.3.5 微波吸收器类型

该部分将讨论用于吸收研究的微波系统，还介绍了各种类型微波吸收器及其损耗机理，讨论了金属吸收器的概念及其损耗机理。本节以可用吸收器的局限性结束。此外，还讨论了对纳米吸收器和铁氧体纳米吸收器的需求及其局限性。

从上面的讨论可以看出，因为特性随频率变化的特点反映了吸收器的性能，因此吸收器材料应具有介电损耗、磁损耗和传导损耗的特点[13-14]。吸收器的工作原理为：允许波穿透一个区域，其中点和/或磁场会发生损耗。所有的有损耗材料都与频率有关。频率依赖性限制了材料的相对介电常数 ε_r 和相对磁导率 μ_r 的实部和虚部的值。导电性是另一种损耗机制，然而，它也会影响材料的阻抗，因为

$$\varepsilon = \sigma/\omega\varepsilon_0$$

如果金属（$\sigma = 107 \text{mhos/m}$）用作导电填料，则其损耗高。如果其厚度大于趋肤深度，则其反射性强。因此，根据吸收原理将微波吸收器分为谐振吸收器、宽带吸收器、磁性吸收器和介质吸收器等。

1. 谐振吸收器

谐振吸收器比其他类型吸收器要薄得多，最适合于不需要较宽天线带宽的应用。它们通常被用来通过覆盖天线的一部分来改善天线方向图，以及通过覆盖附近的反射表面来提高雷达性能。它们的物理柔韧性有助于形成复杂形状的表面涂层。通常，这些吸收器直接安装在金属上并引起反射。就波长而言，金属表面会急剧弯曲或减小，使用这种吸收器，预计可以降低金属的反射性能。对于材料不能直接安装在金属上的情况，有必要提供一个导电的背面，如箔或银漆，以实现在谐振频率上的低反射。

谐振吸收器中，入射介电材料层表面的波将会有一部分发生反射，另一部分则发生透射。发射部分经历多次内部反射，产生一系列的出射波，从而造成损耗。谐振吸收器有限的反射率特性使得很多应用中选择了较厚的宽带类型。

2. 宽带吸收器

与谐振吸收器不同，这种吸收器利用背面反射，宽带吸收器需要足够的衰减，这样从背面反射的任何能量都能使材料具有非常低的反射。为了实现这种衰减程度，吸收器波长应该有可观的厚度。因此，使用具有更高的正切损耗和更高介电常数的材料，该材料能够在厚度减小时提供足够的损耗。需要注意的

是，具有这种特性的介质的阻抗也会与自由空间的阻抗大不相同，因此正面反射时的值更高。这种正面反射在有损耗介质中非常明显，它会严重地降低吸收器性能。

要理解宽带吸收器的原理，就必须了解锥形阻抗的概念。通过改变阻抗从其入射表面的自由空间到其后（背部）表面的低阻抗有损材料，从而对这些吸收器进行设计。微波入射能量被这种吸收器所吸收时，入射能量在进入材料的过程中"看到"了自由空间，因为它传播通过了一种损耗更大的介质，所以入射能量发生了衰减。前表面的介电常数可以调整为很低，而后表面增加到一个相对较高的数值，而不是具有均匀特性的介质。因为在后部的有损耗材料中可以容忍非常高的阻抗，所以前表面反射和总厚度（后表面反射忽略不计）将大大降低。以这种方式可以实现极低的反射强度，在最佳条件下，宽带吸收器的性能将比入射能量水平低 60dB 以上。

宽带吸收器的一个例子就是梯度介质吸收器。它由不同的导电碳层组成，在聚氨酯泡沫塑料中呈金字塔形。这种吸收器的操作原理与谐振吸收器大不相同。阻抗从自由空间逐渐变小达到一种高吸收状态（有损耗状态），从而实现了波的吸收。

如果能顺利地从自由空间过渡到高吸收状态，从正面产生的反射就会很小，因此宽带吸收器是一个很好的吸收材料。使用渐变介质吸收体，可以用不同厚度（以波长计的厚度）的多种材料金字塔来获得大于 50dB 的吸收水平。在厚度小于 1/3 波长的材料中，可以实现良好的反射率降低水平（大于 20dB）。在这种情况下，将使用开孔型泡沫（每英寸 10 个孔）。这类吸收器中，通过导电碳涂层可以实现从自由空间到高吸收状态的逐渐过渡。这类吸收材料用于"宽带"吸收，其特征是从自由空间到厚度大于或高于可察觉厚度介质，吸收器的阻抗将逐渐变小。

3. 磁性吸收器

磁性吸收器改变了微波吸收的磁导率，例如铁氧体、铁和钴镍合金。在分析微波吸收时，利用了磁导率（实部和虚部的复数）等的磁性特性。磁性吸收器的强磁性使其成为一种很好的微波吸收器。磁性吸收器，尤其是铁氧体吸波材料，由于其在微波频段的介电损耗和磁损耗而成为一种特殊的吸波材料（图 2-7）。铁氧体是一种复杂的固体，用 $M+2OFe_2O_3$ 表示，其中 M+代表二价金属离子或它们的混合物，如钴（Co）、镍（Ni）、锌（Zn）、镉（Cd）、铁（Fe）、锰（Mn）、铬（Cr）和铜（Cu）等。铁氧体的比电阻非常高（为 107~108Ω·m），是金属的 1014 倍。

铁氧体的相对介电常数为 10~15，正切损耗为 $\tan\delta = 10^{-4}$（微波频率下的

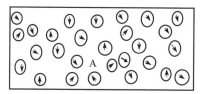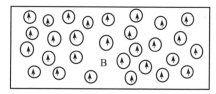

(a) 吸收微波前随机排列的偶极子　　　　　　(b) 吸收微波后均匀排列的偶极子

图 2-7　吸收微波前 (a) 和后 (b) 磁性材料吸收微波的效果示意图

低损耗)。铁氧体的相对磁导率值为数千。由于铁氧体对电磁波是透明的,通过铁氧体传播的电磁射线会与自旋电子发生强烈的相互作用,并在铁氧体中产生理想的磁性。球形铁氧体和羰基铁粉是最常用的常规磁性填料。通常,铁氧体的微波吸收特性受磁损耗和介电损耗的影响。同时具有介电参数和磁参数的材料称为四参数材料,其作为吸收器发挥着重要作用。

4. 介质吸收器

介质吸收器是一种电性能和磁性受到改变的材料,使得其在离散或宽带频率下能够吸收微波能量。常用的作为吸收器的介电材料有泡沫、塑料和弹性体。这些材料没有磁性,因此其磁导率为1。高介电材料(如碳、石墨和金属薄片)用来改变这种材料的介电性能,使它们能够更好地进行吸收。

对于介质吸收器,损耗主要是通过材料的有限导电性产生的。当电磁波的电场与材料中的自由电子相互作用时,入射到导电表面的电磁波就会产生电流。同时,如偶极子旋转的分子极化现象也会产生额外的损耗。

5. 金属吸收器

大多数吸收器均将金属粒子或导电材料粒子用作填料。这些粒子改变了材料的介电常数和导电率等电性能。

实际上,没有导体是完美的,它们的导电率 σ 都是有限的。导体的这种不完美导致一小部分能量从称为第二介质的自由空间(空气)进入导体。然而,由于 σ 的值很高,在导体中波的衰减很大。

导体的传播常数为

$$k = \eta \sigma m$$

式中:η 为固有阻抗;σm 为介质的导电率。

$$\eta = (\mu/\varepsilon)^{1/2}$$

得

$$\alpha = \sigma m/2(\mu/\varepsilon)^{1/2} = \sigma m/2\eta$$

因为 α 是 σ 的函数,因此,衰减取决于金属 How 和 Vittoria 的性质[20]。

金属衰减电场的性质可用穿透深度或趋肤深度来表示。它被定义为金属内部行波振幅衰减到金属表面上方值的 $1/e$ 或 36.8% 时的距离。

根据定义，若 d 为趋肤深度，则有

$$\alpha d = 1 \text{ 或 } d = 1/\alpha$$

对于铜和银，当频率为 100MHz 时，d 值分别为 0.00667mm 和 0.00637mm。因此，在铜和银等良导体中，波将在几千厘米内衰减到一个可以忽略的小值。除上述吸收器外，复合材料也起着重要的吸收器作用。这些材料在表面上使用方便，力学性能容易操控。这些特性以及微波特性的变化，取决于对基体材料和不同包含物的正确选择，这些物质是电介质、导电的或铁磁性的[15-18]。这些由磁性填料分散在绝缘基体中制成的磁吸收材料，在微波吸收的应用中继续发挥着主导作用[19-20]。虽然许多粒子尺寸范围从微米到毫米量级的铁氧体应用于此，但这些吸收器的涂层仍然过于厚重，无法满足实际需求[21]。

6. 主动对消

主动对消技术是雷达干扰系统的一种现代方法，它包括对输入的雷达信号进行采样、分析，然后将该信号反相位处理，从而"对消"掉雷达信号。

2.5 雷达截面积

雷达截面积（RCS）是目标向雷达接收机方向在单位立体角上反射雷达信号能力的度量，并非所有的辐射能量都落在目标上。由于雷达的径向散射效应和标准波束的影响，RCS 与探测距离并不成正比。RCS 被视为目标再辐射（散射）的功率与雷达方向上散射回来的功率的比值。仅仅降低 RCS 是不够的。有必要通过改进飞机的设计来最小化 RCS。

2.6 减少 RCS 实现隐身或改进空气动力学

另一种降低 RCS 的方法是推进子系统成形，即在飞机喷气发动机中为推力矢量创建射流喷口。这种喷口产生的 RCS 要低得多。飞机外形对探测能力有显著影响。一架隐身飞机需要平面或直线形状，同时形状需与入射波倾斜，形状需要结构紧凑且与外部结构平顺结合以实现连续变化的曲率。

（1）传统的飞机使用圆形导流罩来支持空气动力学的基本原理。

（2）隐身飞机由平面和非常锐利的边缘组成。

（3）射向隐身飞机的雷达信号被散射到四面八方。

（4）金属表面一般能反射雷达信号。

（5）隐身飞机上涂有 RAM，如前所述，RAM 可以偏转和吸收入射雷达波，并缩小被探测范围。

（6）采用角反射器的飞机表面涂层下存在雷达波吸收层。

到目前为止，对飞机的表面改进进行了讨论，但也需要注意飞机的内部结构，因为穿透飞机表面的雷达波被困在一种称为可重入三角形的特殊内部结构中，然后从内部表面反弹回来，并失去能量。这种结构设置在隐身飞机机翼或机身内的发动机中。平面对准也常用于隐身设计，它将雷达信号从远离雷达发射器的方向返回。

2.7 降低红外特征

物质的每个原子都在其温度相对应的红外（IR）波长上连续地发出电磁辐射。发动机排放的二氧化碳，在 $4.2\mu m$ 时产生了大部分的红外信号。隐身飞机排放的废气离开飞机后很快就消散了。然而，依然需要采取措施降低其影响。

隐身飞机的羽焰产生了明显的红外特征，因此需要减少该特征。为此，人们关注的是波长小于 $10\mu m$ 的近红外区域。飞机的主要红外发射源是尾管区、废气排放温度为 $1000℃$ 的涡轮喷气、废气羽焰、发动机高温部分、产生摩擦热的飞机表面以及反射的阳光。减少红外信号的技术如下：

（1）使用非圆形尾管降低排气的截面体积，尽可能多地将热气和周围冷空气混合。

（2）向排气流中注入冷空气以促进这一过程。

（3）在机翼表面上方排气，以保护其不被下方观测者发现。

（4）将废气冷却到其辐射的最亮波长的温度，并被大气中的二氧化碳和水蒸气吸收，因此降低了羽焰的红外可见度。

（5）让冷却液循环降低如排气管内燃料的排气温度，其中的燃料箱作为散热器，由沿机翼流动的空气冷却。为此，发动机可以配备流量混合器，将冷旁路空气与通过燃烧室和涡轮的热空气混合。

（6）调整排气几何形状为宽和平坦的形状。

（7）设计排气流与飞机上方气流之间的相互作用，以产生一个额外的涡流，进一步促进混合。

2.8 消除飞机噪声

最初，缓慢旋转的螺旋桨被用来避免被下面的敌军听到。虽然超声速和喷气动力隐身飞机具有很高的声学特性，但由于其速度非常快，飞行高度也非常高，因此不需要太多考虑。隐身直升机的旋翼桨叶会产生很大的噪声，通过调节桨叶间距可以降低噪声。

除了减少红外和声发射外，机载雷达、通信系统或电子外壳射频泄漏的其他辐射的可检测能量也要避免。

2.9　什么是反隐身及其应用的原因

隐身飞机的出现促使了反隐身技术的开发。目前，潜在的反隐身方法包括被动/多基地雷达、甚低频雷达、超视距雷达和敏感红外传感器系统等。

雷达工作在 X、S 或 L 三个不同的波段。最初，隐身的目的是对抗 X 波段雷达。但是现有雷达工作在 S 波段或 L 波段，因此，有必要开发不同波长雷达的隐身技术。工作在 L 波段雷达产生的波长相对于飞机本身的大小，散射应该发生于谐振区而非光学区，否则现有的隐身将从不可见变为可见。

2.9.1　激光雷达

激光雷达（LIDAR）具有波长短、射束质量好、定向性好、测量精度高等特点。此外，因为 LIDAR 的相干性和高频特性，所以其具有较高的分辨率和抗干扰能力。它是一种多波段、多基地的反隐身技术。所有这些特性都有助于目标识别、姿态显示和轨道记录。

2.9.2　多波段 3D 雷达

多波段 3D 雷达是俄罗斯国防部于 2008 年开发的最新反隐身雷达。顾名思义，它由三四部独立的雷达组成，每部雷达都有一个单独的处理和指挥单元控制。这种雷达能在 X 波段搜索和跟踪低 RCS 目标，并能在 L 波段提供良好的跟踪效果。因为反隐身雷达对干扰机具有被动角跟踪能力，所以对反隐身雷达干扰比较困难。被动反隐身雷达不使用反射能量，因此用电子支援措施（ESM）系统来表示更为准确。它可以探测不同来源的辐射信号，如无线电广播或移动电话网络，并有助于找到物体的位置。欧洲航空防务航天公司（EADS）已经开发出了可以发现隐身飞机的雷达。由于被动雷达站不发出任何辐射，因此很难对这种雷达进行追踪。

2.9.3　量子雷达

国防承包商 Lockheed Martin 公司已经获得了一项关于量子雷达的专利，该项专利是基于量子纠缠的遥感方法。该系统有望提供比传统雷达更好的分辨率和更高的细节。预计它将使用光子纠缠，使几个纠缠光子像一个较短的波长一样探测小的细节，同时拥有一个允许远距离传输的整体较长的群波长。

2.10 提高隐身性能的纳米技术

隐身是指试图隐藏或躲避对飞机探测的行为。然而，目前广义的隐身技术概念包含并涉及了一系列超出常规雷达概念的技术和设计特征。在这里，我们将着眼于航空设计需求的现代愿景，如更快、小型化、高度机动性、自愈性、智能制导、智能化、环保和轻量化设计，这些需求都是由非凡力学和多功能材料以及一些隐身技术支持系统来保证的。

纳米技术已经发现了纳米材料在提高低可观测性、轻质、高强度和韧性方面的潜在用途。许多纳米粒子涂层能够使飞机耐腐蚀，从而提高飞机的耐久性并减少维护。这样的飞机增加了有效载荷，而且也更加便宜和安全。此外，纳米技术还被用于改进电子产品、低功耗显示器、传感器、空气净化过滤器、轮胎和执行器中的纳米材料等。

在隐身技术应用中最常用到的纳米材料，包括 CNTs 及其纳米复合材料、铁氧体及其纳米复合材料、陶瓷化合物和复合材料以及与其他纳米粒子共轭使用的硅。

纳米技术在推进隐身方面的直接作用是开发微波吸收纳米材料或 RAM。因此，首先讨论纳米材料的微波吸收。

2.10.1 纳米材料作为雷达波吸收材料或微波吸收器

如上所述，RAM 应该能够增加和减少反射，并且材料的带宽应该具有高的吸收能力。碳，特别是与不同材料结合的 CNTs，展现出了广泛的应用前景。一些吸收微波或雷达的纳米材料（如铁氧体[22-24]、铁磁复合材料[25]、导电纤维[26]和碳纳米管[27]）已被研制成军用隐身飞机表面的吸收涂层，以避免被敌方雷达探测到。微波吸收纳米材料通常以溶剂中悬浮胶装纳米粒子的形式制备，其中的静电力或位阻斥力可以阻止纳米粒子的聚集[28]。有必要开发一种用于隐身的纳米薄膜沉积方法。

目前，最常用的微波吸收器是一些铁磁材料。但是，包括宽频带、零外磁场和薄吸收层对吸收材料的技术要求，限制了其在要求的千兆赫频段内的应用。

纳米结晶材料具有很大的表面积，而且可能形成多个磁畴，材料的矫顽力将大大增加，从而导致较大的磁滞衰减，并将大大提高材料的吸收性能。因此，人们正考虑将纳米结构材料用于吉赫频段内的微波吸收。此外，纳米粒子的许多其他独特的化学和物理性质，如其体积重量比、轻量和吸收能力强等，也为其作为微波吸收器提供了适用性。

2.10.1.1 纳米铁氧体吸收器

考虑到纳米材料的优点，许多人认为纳米铁磁性粒子可以扩展铁氧体的适用性，并进一步对吸收特性进行微调。难怪铁氧体材料是无线通信和无线传感系统中应用最广泛的磁性材料之一。一些具有强磁晶各向异性场的铁氧体材料可以在减小尺寸、重量和成本的同时，还将其应用扩展到几十吉赫的范围。一些具有磁晶各向异性场的铁氧体材料是面向低晶体对称性的金属/非金属的替代铁氧化物。研究的铁氧体材料包括 M 型六角晶系铁氧体，如钡铁氧体（$BaFe_{12}O_{19}$）、锶铁氧体（$SrFe_{12}O_{19}$）、ε 相氧化铁（$\varepsilon-Fe_2O_3$）、替代的 ε 相氧化铁（$\varepsilon-Ga_xFe_{2-x}O_3$，$\varepsilon-Al_xFe_{2-x}O_3$）和其他很多物质。

因为吸收特性的评估取决于所需的性质，所以可以重点考虑各种参数，如厚度、重量、某些频率范围内的宽带吸收等。使用纳米铁氧体时会面临许多挑战，例如，为达到所需的匹配频率而开发的电磁波吸收器，因为其上所使用的铁氧体材料都是通过复杂的工艺制造而来的，包括控制烧结温度、压力和复合材料的特定比例等条件。这些挑战使得开发一种能在宽频带内吸收微波的材料变得困难。此外，这些磁性吸收器往往很重，它们的优点在于：对于厚度为 1~5mm 的材料，能够提供扩展的频率性能[3]。遗憾的是，这些材料需要一层厚的涂层才能满足实际需要。因此，有人认为有必要开发一种材料，即使是薄涂层也能充分吸收微波[29]。

为此，人们已经合成并尝试了多种纳米结晶铁氧体成分。

1. $Li_{0.5}Mn_{x//2}Fe_2O_3$ 纳米复合材料

Anwar 和 Maqsood[30]使用溶胶-凝胶自燃烧法，制备了一种由 $Li_{0.5}Mn_{x//2}Fe_2O_3$ 组成的软质多晶体纳米铁氧体，同时研究了其吸收性质。此处 $x = 0.0$，0.3，0.6，0.9 和 1.2。结果表明，Mn 的加入提高了样品的磁介电性能，在甚高频和超高频（VHF 和 UHF）下，样品的磁损耗很低，这有利于天线在 1~1000MHz 频率范围内的小型化。此外，在 $x = 0$ 和较宽的带隙条件下，它的反射损耗（RL）高达 45dB。因此，它被发现适用于较低的微波（MW）区域。

2. 六亚铁酸钡/聚苯胺壳芯纳米复合材料

该新型复合材料是由 Liu 等[31]通过原位聚合作用制备而来。他们通过制造所需的外壳厚度来调整这种纳米复合材料的电磁特性。适当的核/壳厚度有助于改善阻抗匹配。优化后的壳层厚度为 30~40 层的核壳纳米复合材料，在 3.8GHz 时的吸收带宽为-10dB。随着壳体厚度的增加，微波吸收效率和频率范围也会发生改变。

3. 纳米结构镍铁氧体

Jacob 等[23]采用了简单的化学沉淀技术合成了纳米镍铁氧体。结果表明，微波介电特性如介电常数、介电损耗和微波加热系数随平均晶粒尺寸的变化而变化。

4. 逐层自组装铁氧体多层纳米薄膜

这是由分子水平的多层薄膜组成的多层结构[32-33]。为了实现多层膜的自组装，需要对带相反电荷的聚合物进行顺序吸附，以获得所需的膜厚度、成分和密度[34-35]。通过互补相互作用（如静电相互作用、共价键合、氢键和疏水相互作用）将铁氧体纳米粒子逐层沉积到多层薄膜中，这些铁氧体纳米粒子包括钴铁氧体[36]、锌铁氧体[37]和其他混合铁氧体[38]。

Heo 等[39]制备了 $Co_{0.5}Zn_{0.5}Fe_2O_4$ 纳米粒子多层薄膜。加入的铁氧体纳米粒子是油酸（OA-）稳定或用 bPEI 交换的配体；配体交换后的纳米粒子直径为 7nm，而 OA-稳定的纳米粒子直径约为 18.5nm。采用基于静电相互作用的逐层自组装方法将铁氧体纳米粒子沉积在硅片上。他们声称这些薄膜具有微波吸收特性，可用于雷达波吸收和隐身应用。

5. 纳米尖晶石铁氧体

尖晶石铁氧体或氧化铁纳米粒子存在严重的质量问题。为了解决该问题，人们将它们与许多无机纳米粒子（如 Co、Zn、Ni、Mn）以及有机聚合物结合起来。Huang 等[40]制备了钴锌尖晶石铁氧体纳米纤维，并发现这种轻质复合材料是一种高效的微波吸收器。然后使用静电纺丝法，合成了 $CoxZn_{(1-x)}Fe_2O_4$（x = 0.2，0.4，0.6，0.8）铁氧体纳米纤维。他们发现调节 Co^{2+} 含量，可以增强饱和磁化和矫顽力。此外，对电磁损耗的分析表明，$Co_{0.6}Zn_{0.4}Fe_2O_4$ 铁氧体纳米纤维具有最强的微波衰减能力。15%的 $Co_{0.6}Zn_{0.4}Fe_2O_4$ 铁氧体纳米纤维涂层，在整个 X 波段和 80%的 Ku 波段频率内，反射损耗小于-10dB。同时，表面密度仅为 $2.4kg/m^2$。

2.10.1.2 纳米碳和碳纳米管复合材料用作吸收器

碳纳米管（CNTs）或铁氧体复合材料因作为微波吸收材料而受到人们的广泛关注。从形貌上看，CNTs 呈二维石墨烯片状卷成管状结构。圆柱内只有一个壁面，这种结构称为单壁碳纳米管，而具有许多同心壁面且层间间隔恒定为 0.34Å 的结构称为多壁碳纳米管。

CNTs 结构的独特性在于其手性矢量（n，m）的特性。（$m-n$)/3 为整数时，得到的结构为金属结构，否则，它是一个半导体 CNTs。这种独特的电子特性在纳米电子学中有着广泛的应用。

因此，它可以合成出各种形式的纳米碳。它也是一种用途极为广泛的分子，并且由于能与自己的原子形成强键（C-C 键的键能为 348kJ/mol），从而形成线形或锯齿形的链、环、片或块。这种性质促使碳结构形成了一个长的网络。然而，sp^3 和 sp^2 键合的碳原子，是目前所有可用的碳素结构的主要组成部分。以碳氢化合物[41-43]为前驱体合成的纳米碳，通过优化合成参数（温度、压力、反应时间、催化剂等），被催化分解成自由基碳原子，并形成不同尺寸和形状的碳材料。这些不同的碳结构作为辐射吸收器产生了巨大影响[44-47]。SWCNTs、MWCNTs、碳纳米珠（CNB）和碳纳米纤维（CNF）都是碳的纳米形态，当与不同聚合物联合时表现出了微波吸收能力。

1. 碳纳米珠

以黑芥油为原料合成的碳纳米珠膜对微波的吸收范围为 75%~90%。在 15.2~16GHz 和 17.4~18GHz 的频率范围内，吸收带宽分别为 0.8GHz 和 0.6GHz，表明了其具有在 Ku 波段作为电磁波吸收材料的能力。

要使用纳米碳作为微波吸收器，它必须与任何能促进涂层工艺的聚合物复合。将 CNB、CNF 或 CNTs 粉末与丙烯酸浆料混合，以研究其微波吸收性能。加入丙烯酸糊状物对微波吸收的影响不大。相反，三种形式的纳米碳在加入或不加入丙烯酸的情况下对微波的吸收大致相同（图 2-8）。

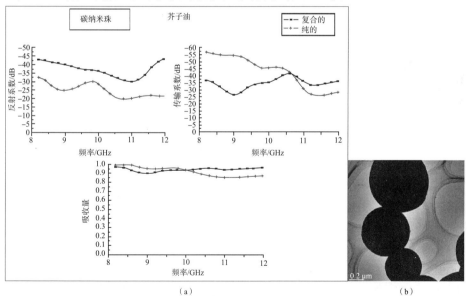

图 2-8 反射系数、传输系数和芥子油基 CNB 填料在丙烯酸树脂中的吸收随 X 波段频率的变化（a）（仅有 CNB 观察到的吸收用浅色表示，丙烯酸的吸收用深色表示）。黑芥油合成 CNB 的透射电子显微镜图像（b）

CNB 显示了在较低频率时，例如在频率 11.6GHz 处吸收量的降低（图 2-8）。

2. 碳纳米纤维

由亚麻籽油合成的碳纳米纤维的吸收量在 8.8GHz 以上时，对 X 波段微波的低反射有明显的增强（图 2-9）。CNF 复合材料的低反射与一直到 11.6GHz 处的大量传输相对应，在该频率以上，随着传输系数（TC）的增加，可以观察到复合材料的低传输。

与 CNB 和 MWCNTs 相比，碳纳米纤维的长度和直径更大，因此 CNF 内部的微波能量损失更大。

这表明在 CNF 复合材料中微波损耗更大，其中位移电流比传导电流更有效。吸收随频率的变化表明了材料的频率依赖性。CNF 丙烯酸酯复合材料的反射系数、透射系数和吸收系数的变化是 X 波段频率的函数（图 2-9 中，仅有 CNF 的吸收用浅色表示，丙烯酸的吸收用深色表示）。

3. 多壁碳纳米管

除了具有独特的电子性能外，MWCNTs 还具有其他特殊性能，例如：

（1）弹性模量大于 1TPa 且拉伸强度约为 200GPa 的力学性能。

（2）热导率高达 3000W/mK。

（3）理想长径比。

（4）小尖端曲率半径。

（5）良好的发射特性，因此是场发射的优秀候选材料。

（6）CNTs 可以通过位于侧壁末端各种原子和分子基团进行化学功能化。CNTs 聚合物基复合材料具有广泛的弹性模量、高比强度、抗冲击性和热性能。

MWCNTs 及其复合材料作为微波吸收材料已被广泛应用。以 karanjia 油为前驱体，采用生物法合成了 MWCNTs，其与丙烯酸的复合物在 X 波段的反射系数、传输系数和微波吸收随频率的变化而变化（图 2-10）。

2.10.2　机体结构中的纳米材料

纳米材料在三个领域进行了研究和应用，即机体结构、航空发动机部件和飞机电子通信系统。

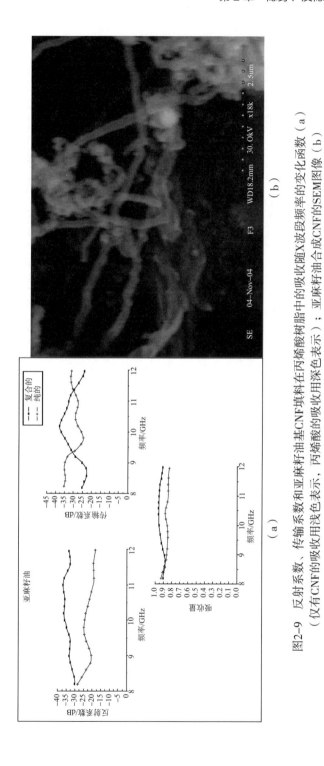

图2-9　反射系数、传输系数和亚麻籽油基CNF填料在丙烯酸树脂中的吸收随X波段频率的变化函数（a）（仅有CNF的吸收用浅色表示，丙烯酸的吸收用深色表示）；亚麻籽油合成CNF的SEM图像（b）

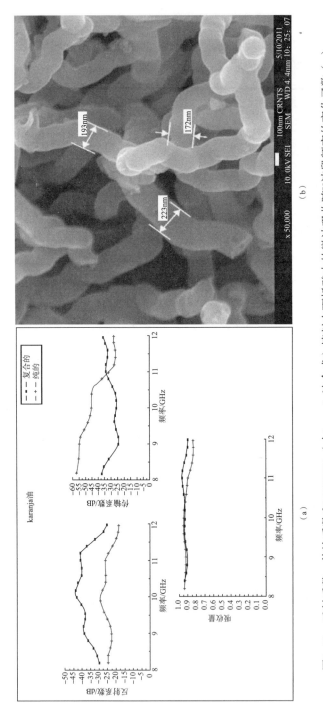

图2-10 反射系数、传输系数和MWCNTs（由karanjia油合成）填料在丙烯酸中的微波吸收随X波段频率的变化函数（a）（MWCNTs的微波吸收以浅色表示，MWCNTs+丙烯酸的微波吸收以深色表示）karanjia油合成CNF的SEM图像（b）

机身结构设计所需的主要纳米材料特性为轻便材料，具有高强度和高韧性。此外，材料必须耐腐蚀、耐用、易于维护、易于维修和重复使用。这些特性是制造更快、小型化、高度机动性、自愈性、智能制导、智能、环保和轻型隐身系统所必需的。各种纳米材料被用作填充材料，以提高聚合物在飞机制造中所需的性能，特别是降低重量和成本。下面讨论能够满足机体结构要求的纳米材料。

2.10.2.1　与聚合物共轭的碳纳米管

用于制备 CNTs 聚合物共轭功能的聚合物作为基体材料。CNTs 基聚合物复合材料，如 CNTs 与环氧树脂共轭、CNTs 聚酰胺或 CNTs 聚丙烯，表现出大范围弹性模量、高比强度、抗冲击性、导电性和热性能，可用于机身结构。根据 MITRE 公司（先进航空系统开发中心）的 Sarah E. O'Donnel 所做的研究，CNTs 纳米复合材料的发展影响了飞机的设计、飞行性能和效率，这将反映出飞机更好的安全性和容量（表 2-1）。科学家们相信，未来掌握纳米技术的隐身制造商将设计出具有成本效益的机身，以获得减轻后的涡旋尾流、更好的防御和情报。

表 2-1　用作微波吸收材料的不同 CNMs 及其复合材料

复合材料	尺寸	膜厚	频率范围	AB. 频率 /GHz	RC 损失	参考
CNB-填充 EVA 和 NR 基 复合材料 （Vulcan XC-72） CB	29nm	1, 8~3.5mm	8~12GHz	12	-3dB	Das[12] 等
CNTs 和苯 复合物	70nm	0, 97mm	8~18GHz	11.41	-22.89dB	Shen[48] 等
CNF 和 微螺旋石蜡	CNF500~ 600nm 和 蜡 4~5μm	—	12.4~18GHz	12.4~18	tan § 等于 0.409dB 0.407dB	Du[44] 等
纳米 Si/C/N 复合粉体 （石蜡）	20~30nm	3mm	8~18GHz	8~18	<-8dB	Zhao[49] 等
碳纳米珠	2μm	—	8~12GHz	8~12	约-25~ -35dB	Sharon[29] 等

续表

复合材料	尺寸	膜厚	频率范围	AB. 频率/GHz	RC 损失	参考
SWCNTs 中的氢等离子体	0.8~2nm	1cm	300MHz~30GHz	22, 20, 2, 4, 2.55	−29.83dB −34.32dB −28.68dB −32.67dB	(高压—氧化碳裂解法制成的 swcnts)
聚苯胺 CNTs 复合材料	20~50	10%（质量）	8~12GHz	8.2~10, 12.4	$\tan\delta>1$ 例如有损耗材料	Makeiff[50] 等
MWCNTs/聚合物和 MWCNTs/清漆复合材料	1~2μm 聚附 MWCNTs	CNTs/PET-2 mm CNTs/清漆-1mm	2~18GHz	7.5, 15.36	−17.61 −24.27dB	Fan[51] 等
含分散 CNTs 的聚合物复合材料	CNTs≤100nm	2cm	40MHz~40GHz	30, 15	$\sigma=1s/cm$ 可获得好的吸收 dB	Saib[52] 等
包覆碳的镍纳米胶囊	镍（碳）纳米胶囊	2mm	2~18GHz	13	−32dB	Zhang[53] 等
SWCNTs/聚氨酯复合材料	平均5.95nm	16~20%（质量）	8.2~12.4 GHz	12.4, 11.25, 19.3, 9.25	−20dB	Liu[31] 等
含 CNF 和 MWCNTs 的 E-玻璃纤维/环氧树脂复合材料层压板	-	-	0.5~18GHz	10	−20dB	Kim[54] 等
CNF	100~200nm	=	8~12GHz	8.6~10.20	−27.42~ −39.90dB	Kshirsagar[47] 等

CNTs 的管状结构使得弹道电子和声子输运成为可能[55]，使得 CNTs 的电流传输和导热能力（通过约 3nm 纳米管分子直径的 SWCNTs 传导近 2 万亿电子/s）远高于铜（横截面约 3mm）的传导能力（大约 200 万个电子/s）[56]。

2.10.2.2 纳米黏土增强聚合物复合材料

蒙脱石是黏土，是一种非常软的层状硅酸盐矿物群。黏土是以微观晶体的形式存在的。在化学上，它是水合的钠钙铝-镁-硅-硅氢氧化物（Na，Ca）$_{0.33}$（Al，Mg）$_2$（Si$_4$O$_{10}$）（OH）$_2$·nH$_2$O。

而纳米黏土则来源于蒙脱石，这是一种具有约 1nm 厚的层状结构和 700 ~ 800m²/g 表面积的矿床。纳米黏土用于提高许多塑料的模量、拉伸强度、阻隔性、阻燃性和热性能。纳米黏土可以是层状矿物硅酸盐的纳米粒子，也可以是蒙脱石、膨润土、高岭石、锂辉石和埃洛石。纳米黏土是一种具有独特阻隔性能的增强聚合物复合材料，具有良好的耐热性和阻燃性。Timmerman[57]等研究表明，纳米黏土增强的碳纤维/环氧复合材料层合板对低温微裂纹有明显的抑制作用。

2.10.2.3　金属纳米粒子复合材料

机身结构主要是由大块金属制成。这些大块金属中的一些纳米粒子现在以其新颖的特性而闻名，而这些特性在大块金属中是没有的。

在机身结构中应用的金属纳米粒子包括：

（1）纳米二氧化硅与橡胶化合物结合用于制备垫圈和密封剂，可应用于航空零件或发动机。

（2）SiC 纳米粒子增强氧化铝。

（3）纳米铬基缓蚀剂，正被开发用于保护铝金属或航空结构。

（4）钇稳定的纳米锆能促进裂纹愈合，提高高温、强度和抗蠕变性能，性能优于单片陶瓷。

（5）非晶态 Si_3N_4 中嵌入的 TiN 纳米晶在飞机耐磨涂层和低摩擦中得到了应用。

（6）铜、铝和铁的纳米粉用于制备导电塑料，用于需要 EMI 屏蔽静电放电的各种飞机部件中。

2.10.3　航空发动机部件的纳米金属涂层

纳米材料在隐身领域应用的一个主要趋势是纳米涂层金属具有更好的耐久性和耐腐蚀性。该涂层通常用于保护飞机结构和表面免受恶劣环境的影响，如极端温度、极端气候、发动机部件的腐蚀和磨损。最好选择使用纳米涂层，因为其能够承受发动机的高工作温度，从而提供更好的性能。

金属纳米粒子和金属纳米粒子复合材料具有优异的静电放电和电磁干扰屏蔽性能，可用于对机体结构或航空发动机部件进行涂层，以使其抗雷击。

（1）用作防腐蚀材料的纳米金属，包括氧化硅、氧化硼、钴和磷纳米晶体。

（2）涡轮叶片和其他机械部件上使用的纳米金属涂层必须能够承受高温和摩擦磨损。主要纳米金属涂层包括结晶碳化物、类金刚石碳化物、金属二卤化物、氮化物、金属和各种陶瓷。这种摩擦学涂层提高了发动机的效率。此外，由 CNTs、纳米石墨、纳米含铝聚合物涂层制成的纳米复合涂层可用于静电放电、电磁干扰屏蔽和飞机表面的低摩擦应用。

2.10.4 飞机电子通信组件的纳米材料

对现代隐身技术的需求正在引导科学家们在元件和设备的小型化以及电子类波行为的量子效应方面进行研究。设想在飞机上使用电子通信的要求是：①用于高密度可靠数据存储介质的纳米粒子；②用于超级电容器的纳米粒子；③用于燃料管理的微机电系统（MEMS）和纳米机电系统（NEMS）。

2.10.4.1 用于数据存储介质的纳米粒子

数据存储是通过磁记录完成的。20 世纪 80 年代以前，人们曾尝试使用薄膜头和高级数据编码来存储数据；在 20 世纪 90 年代，使用磁阻头（MR）和薄膜记录介质对其进行了改进。到了 20 世纪 90 年代末，通过引入巨磁阻（GMR）读取传感器，硬盘的存储密度向前迈出了一大步[58]。到 2006 年底，日立（Hitachi）环球存储科技公司的垂直记录存储密度（单位面积密度）达到 345 千兆位/平方英寸。尽管如此，对于超高密度数据存储介质来说，加速增加信息容量的需求仍然存在。超顺磁极限（即使是环境热能也会逆转记录的磁化强度）已被视为一个可能的极限，并已成为硬盘设计的一个关注点。为了克服这种超顺磁极限，人们正在考虑开发交换偏置磁性材料。反铁磁耦合（AFC）磁介质层可用作交换偏置的材料。这种反铁磁性材料应具有较高的奈尔（Néel）温度（即热能大到足以破坏材料内部宏观磁有序性的温度）。大磁金属氧化物为基础的交换偏置纳米材料为未来的数据存储、传输和检索的改进提供了巨大的可能性，并具有与铁磁性薄膜兼容的晶态各向异性和良好的化学及结构相容性。NiO 和 CoO 被认为是很好的反铁磁交换偏置材料。下一步是将纳米粒子用于超高数据存储介质。

目前，纳米粒子在磁性存储介质中的应用非常有限。人们正在努力利用纳米粒子形成超晶格，以便将位单元的尺寸从多个粒子减小到单个粒子，从而增加面积密度。

基于金属氧化物的交换偏置纳米材料已被发现能够改善数据的存储、传输和检索。磁性纳米粒子（氧化铁纳米粒子，即 Fe_2O_3 和 Fe_3O_4）结合的聚合物膜和复合材料也正被尝试应用于各种数据存储介质。

另一种适用于高密度数据存储介质的材料是 FePt 和 CoPt 磁性纳米颗粒薄膜[59]。这种材料具有很高的各向异性，这使得它的热稳定性降低到约 3nm 的粒径水平。通过标准化磁头和介质尺寸比，获得了每平方英寸 100～200GB 的纵向记录。人们建议使用垂直记录，可以使每平方英寸的面积密度达到约

1TB。如果使用自组装的 FePt 可达到每平方英寸 10～50TB 的单粒子比特模式记录。目前，科学家们正在研究能够实现硬盘设计的纳米技术。

2.10.4.2　用于超级电容器的纳米粒子

超级电容器是一种具有中等能量和高功率密度的双电层电容器（EDLC）。术语"超级电容器"是指利用电解液和电化学惰性电极之间电双层中存储电荷的装置。更精确地说，双电层电容器可以定义为一种在电子导体（如活性炭）和离子导体（如有机或水电解质）之间使用感应离子的装置。它是介于可以存储与低功率相关的高能量的电化学电池和介电电容器之间的一个中间系统，介电电容器可以在几毫秒内提供高功率。

（1）近年来发展起来的包含 CNTs、CNF 和 CNB 等在内的纳米碳质材料，以其优异的热、电、结构和力学性能，在能源器件和存储系统电极的研制中发挥着重要作用。CNTs 在真空中的热稳定性高达 2800℃，其热导率约为金刚石的 2 倍，载流量比铜线高 1000 倍[60]。CNTs 的介孔性质决定了其电化学性质，在发挥吸收作用的同时促进了离子的迁移。由于纳米管具有可用的电极/电解液接口和较低的电阻，预计可用这些材料制成的电极制作高功率器件[61]。电容值很大程度上取决于纳米管的类型。用导电聚合物（如聚吡咯）涂覆在 MWCNTs 上可获得额外的电容[62]。

（2）像钛酸钡和钛酸锶钡这类陶瓷纳米粒子也可用于制作超级电容器。

2.10.4.3　用于燃料管理的微机电系统和纳米机电系统

随着微机电系统（MEMS）在燃料管理方面的巨大成功，人们认识到纳米机电系统（NEMS）为开发控制航空发动机燃料控制的标准燃料管理单元提供了更大的可能性。

由于国防是一个保密的领域，NEMS 领域的许多发现都是不可用的。人们对一种直接写入、多光束、电子束光刻工具产生了浓厚的兴趣，该工具具有小于 10nm 的光斑尺寸控制。该工具将有助于开发更具成本效益、高性能、低体积的集成电路（IC），这些集成电路是高度定制的、特定应用集成的电路（ASCIs），用于国防应用程序的无掩模直接写入纳米光刻。它将为低体积的 NEMS 和纳米光子学提供技术，使最先进的半导体器件能够融入新的军事系统。

CNTs 具有弹道电子输运和巨大的载流能力，特别是其为聚合物基复合材料提供了理想的电性能，使得这种材料对未来的纳米电子学具有重要的意义。使用 CNTs 的另一个优点就是它在电子元件、逻辑和存储芯片、传感器（物理和化学）、催化剂载体、吸附介质、执行器等方面的应用。

2.10.4.4 纳米技术在支持先进隐身系统方面的其他应用

纳米技术在航空航天工业中的其他一些可能应用包括：

（1）储能装置用纳米材料。已经证明 CNTs 是一种潜在的储氢材料。Sharon 小组的大量工作表明，CNTs 不仅可以吸收氢，还能以可控的方式释放氢来发电。

（2）弹道装甲用纳米材料。弹道装甲用于保护人员和飞机免受各种炮弹的伤害。CNTs 具有高的抗弹道性能、高的能量吸收能力和抗多次撞击能力，被视为制造弹道装甲的理想材料。

（3）纳米技术还有许多可能的应用仍有待探索。

2.11 小 结

虽然隐身和反隐身技术是一个有趣的话题，但这一领域的大多数研究和技术开发都是秘密和专有的，因此很难确切地知道未来会有怎样的新进展。迄今为止，在对抗量子雷达方面没有任何进展，原因是受限于量子雷达技术，并且激光雷达具有更高的精度和不受天气影响的特性。尽管所有降低 RCS 的方法都已经被破解，隐身技术也已尽其所能，但事实是隐身飞机仍可能被击落，飞机还是易受攻击群体，因此有必要发展反隐身技术。未来的一个可能选择似乎就是使用纳米材料和纳米技术。本章已经谈到了这一方面的内容。

参考文献

[1] Emerson, W. H., IEEE *Trans. Antennas Propag.*, 21, 4, 484-490, 1973.

[2] Ramasamy, D., *Proceedings of INCEMIC* 97, 7B-7, *IEEE Conference*, *New Jersey*, pp. 459-466, 1997.

[3] Pinho, M., Silveira, P., Gregori, M. L., *Eur. Polym. J.*, 38, 2321- 2327, 2002.

[4] Meshram, M. R., Agrawal, N. K., Sinha, A. B., *Microw. Opt. Technol. Lett.*, 36, 5, 252 - 255, 2003.

[5] John, D. and Washington, M., *Aviat. Week Space Technol.*, 129, 28-29, 1998.

[6] Howarth, D., *Discourse*, 166 pages, Open University Press, Buckingham UK, 2000.

[7] Chung, D. D. L., *Carbon*, 39, 279-285, 2001.

[8] Barna, E., Bommer, B., Kursteiner, J., Vital, A., Trzebiatowski, O., Koch, W., Schmid, B., Graule, T., *Compos. Part A*, 36, 473- 480, 2005.

[9] Evans, D., Zuber, K., Murphy, P., *Surf. Coat.*, 206, 3733-3738, 2012.

[10] Shi, X. and Croll, S. G., *J. Coat. Technol. Res.*, 7, 73-84, 2010.

[11] Pozar, D., *Solutions Manual for Microwave Engineering*, 4th edition, John Wiley & Sons, Inc. New York, Chichester, Weinheim, Brisbane, Singapore, Toronto, 2011.

［12］Das, A. and Das, S. K., *Microwave Engineering*, Tata McGraw Hill, New Delhi, 2000.

［13］Stonier, R. A., Stealth aircraft and technology from World War II – *the Gulf. SAMPE J*, 27, 4, 9–17, 1991.

［14］Bigg, D. M., *Polym. Eng. Sci.*, 17, 842, 1997.

［15］A. Korn, Means for altering the reflection of radar waves. U. S. Patent 2436578, Feb. 24, 1948.

［16］B. C. Pratt, Electromagnetic radiation – Absorptive article. U. S. Patent 2996710, Aug. 15, 1961.

［17］O. Halpern, Method of reducing reflection of incident electromagnetic waves. U. S. Patent 3007160, Oct. 31, 1961.

［18］Vladimir, B. B., *IEEE Trans. Magn.*, 40, 3, 1679–1684, 2004.

［19］Yang, Y., Zhang, B., Xu, W., Shi, Y., Jiang, Z., Zhou, N., Gu, B., Lu, H., *J. Magn. Magn. Mater.*, 256, 129–132, 2003.

［20］How, H. and Vittoria, C., *J. Appl. Phys.*, 69, 5183, 1991.

［21］Amin, M. B. and James J, R., *Radio Electron. Eng.*, 51, 209–218, 1981.

［22］Jeong, G. M., Choi, J., Kim, S. S., *IEEE Trans. Magn.*, 36, 5, 3405–3407, 2000.

［23］Jacob, J., Khadar, M. A., Lonappan, A., Mathew, K. T., *Bull. Mater. Sci.*, 31, 6, 847–851, 2008.

［24］Zhao, D. L., Lv, Q., Shen, Z. M., *J. Alloys Compd.*, 480, 2, 634–638, 2009.

［25］Nie, Y., He, H., Zhao, Z., Gong, R., Yu, H., *J. Magn. Magn. Mater.*, 306, 1, 125–129, 2006.

［26］Li, W., Qiao, X., Zhao, H., Wang, S., Ren, Q., *J. Nanosci. Nanotechnol.*, 13, 2, 793–798, 2013.

［27］Wadhawan, A., Garrett, D., Pérez, J. M., *Appl. Phys. Lett.*, 83,13, 2683–2685, 2003.

［28］Eberbeck, D., Wiekhorst, F., Steinhoff, U., Trahms, L., *J. Phys. Condens. Matter*, 18, 38, S2829–S2846, 2006.

［29］Sharon, M., Pradhan, D., Zacharia, R., Puri, V., *J. Nanosci. Nanotechnol.*, 5, 12, 2117–2120, 2005.

［30］Anwar, H. and Maqsood, A., *Electron. Mater. Lett.*, 9, 5, 641–647, 2013, doi: 10. 1007/s13391–013–2239–7.

［31］Liu, Z., Bai, G., Huang, Y., Ma, Y., Du, F., Li, F., Guo, T.,Chen, Y., *Carbon*, 45, 821–827, 2007.

［32］Decher, G., *Science*, 277, 5330, 1232–1237, 1997.

［33］Shiratori, S. S. and Rubner, M. F., *Macromolecules*, 33, 11,4213–4219, 2000.

［34］Wood, K. C., Boedicker, J. Q., Lynn, D. M., Hammond, P. T., *Langmuir*, 21, 4, 1603–1609, 2005.

［35］Hong, J., Kim, B. S., Char, K., Hammond, P. T.,*Biomacromolecules*, 12, 8, 2975–2981, 2011.

［36］Ibrahim, A. M., El–Latif, M. M. A., Mahmoud, M. M., *J. Alloys Compd.*, 506, 1, 201–204, 2010.

［37］Yusoff, A. N. and Abdullah, M. H., *J. Magn. Magn. Mater.*, 269,2, 271–280, 2004.

［38］Tyagi, S., Baskey, H. B., Agarwala, R. C., Agarwala, V., Shami, T. C., *Ceram. Int.*, 37, 7, 2631–2641, 2011.

［39］Heo, J., Choi, D., Hong, J., Layer–by–layer self–assembled ferrite multilayer nanofilms for microwave absorption. *J. Nanomater.*, 8 pp. Article ID 164619, 2015, http://dx. doi. org/10. 1155/ 2015/164619.

[40] Huang, X., Zhang, J., Xiao, S., Chen, G., *J. Am. Ceram. Soc.*, 97, 5, 1363-1366, 2014.

[41] Tkachev, A. G., *Chem. Petrol. Eng.*, 43, 5-6, 351-354, 2007.

[42] Rud, A. D., Perekos, A. E., Ogenko, V. M., Shpak, A. P., Uvarov, V. N., Chuistov, K. V., *J. Non Cryst. Solids*, 353, 3650-3654, 2007.

[43] Sharon, M., Sharon, M., Kshirsagar, D. E., *Carbon Nano Forms and Applications*, 1st edition, Monad Nanotech. Pvt. Ltd., Mumbai, 2007.

[44] Du, J., Sun, C., Bai, S., Ge, S., Ying, Z., Cheng, H. M., *J. Mater. Res.*, 17, 5, 1232-1236, 2002.

[45] Kwon, S. K., Ahn, J. M., Kim, G. H., Chun, C. H., Hwang, J. S., Lee, J. H., *Polym. Eng. Sci.*, 42, 11, 2165-2171, 2002.

[46] Kshirsagar, D. E., Puri, V., Sharon, M., Sharon, M., *Carbon Sci.*, 7, 4, 245-248, 2006.

[47] Kshirsagar, D. E., Puri, V., Sharon, M., Sharon, M., *Synth. React. Inorg. M.*, 37, 477-479, 2007.

[48] Shen, J., Huang, W., Wu, L., Hu, Y., Ye, M., *Compos. Sci. Technol.*, 67, 3041-50, 2007.

[49] Zhao Dong-Lin, Z. and Znou, W., *Physica E Low Dimens. Syst. Nanostruct.*, 9, 4, 679-685, 2001.

[50] Makeiff, D. A. and Huber, T., *Synth. Met.*, 156, 497-505, 2006.

[51] Fan, Z., Luo, G., Zhang, Z., Zhou, L., Wei, F., *Mater. Sci. Eng. B*, 132, 85-89, 2006.

[52] Saib, A., Bednarz, L., Daussin, R., Bailly, C., Xudong, L., Thomassin, J. M., Pagnoulle, C., Detrembleur, C., Jérôme, R., Huynen, I., *IEEE Trans. Microw. Theory Tech.*, 54, 6, 2745-2754, 2006.

[53] Zhang, X. F., Dong, X. L., Huang, H., Liu, Y. Y., Wang, W. N., Zhu, X. G., Lv, B., Lei, J. P., *Appl. Phys. Lett.*, 89, 053115, 2006. https// doi. og/10. 1063/1. 2230065.

[54] Kim, M. -G., Hong, J. -S., Kang, S. -G., Kim, C. -G., *Compos. Part A-Appl. S.*, 39, 647, 2008.

[55] Baughman, R. H., Zakhidov, A. A., De Heer, W. A., *Science*, 297, 787-792, 2002.

[56] Yao, Z., Kane, C. L., Dekker, C., *Phys. Rev. Lett.*, 84, 29412944, 2000.

[57] Timmerman, J. F., Brian, S., Hayes, J., Seferis, C., *Compos. Sci. Technol.*, 62, 9, 1249-1258, 2002. https://doi. org/10. 1016/ S0266-3538(02)00063-5.

[58] Thompson, D. A. and Best, J. S., *IBM J. Res. Dev.*, 44, 311, 2000.

[59] Sun, S. H., *Adv. Mater.*, 18, 393, 2006, doi: 10. 1002/ adma. 200501464.

[60] Collins, P. G. and Avouris, P., *Sci. Am.*, 283, 6, 62-69, 2000.

[61] Endo, M., Hayashi, T., Kim, Y. A., Muramatsu, H., *Jpn. J. Appl. Phys.*, 45, 6A, 4883-4892, 2006.

[62] Jurewicz, K., Delpeux, S., Bertagna, V., Beguin, F., Frackowiak, E., *Chem. Phys. Lett.*, 347, 36-40, 2001.

第3章
辅助国防发展的纳米计算机

Angelica Sylvestris Lopez Rodriguez

墨西哥塔巴斯科华雷斯自治大学 化学工程系

纳米技术将让我们制造出无比强大的计算机。在一块方糖体积里，我们将拥有的能量会比当今全世界范围内存在的能量都多。

Ralph Merkle

3.1 介 绍

近年来，科学研究的重点是寻找最小化存储设备及信息处理的方法。在计算机时代，压缩体积不是一件稀罕事，几十年前还用的是超大型计算机，现在都已经变成了小巧的计算机，这就不难理解人类在这方面持续不断付出的努力。然而，硅技术（当前微处理器的基础）正达到其最大容量，这使得有必要寻找新的机制，以允许生产纳米计算机。虽然纳米计算机的外部结构可能是微观，但是其是由好几种纳米尺寸的元件构成的。这种纳米处理器的功率和容量将远远高于目前的微处理器，其制造误差如此之小，以至于适合于一个大头针的头部，因此将占用缩减的空间[1]。

纳米计算机属于计算机纳米技术的范畴，包括在纳米尺度上对复杂结构进行建模和模拟，以及使用计算机控制纳米操纵仪管理原子。纳米操纵仪是一种专门的显微镜和纳米机器人观察系统，可以帮助科学家和研究人员研究极其微小的物体。该系统最初是由计算机集成制造商设计用于微观操作的。在计算机纳米技术的分类中，纳米计算机有如下四种发展方向[2]：①电子方向；②机械方向；③化学和生物化学方向；④量子方向。

051

3.1.1 电子纳米计算机

电子纳米计算机由分子级单元组成，其集成度可能比当今最小的微型计算机高 1 万倍。

电子技术曾是实现纳米计算机提出的几种替代技术之一，电子纳米计算机可以达到远超现有电子计算机的运行速度，且体积更小，集成度更高。虽然电子纳米计算机的某些工作原理与微型计算机类似，但微型计算机无论是设计还是制造技术，进一步压缩的空间都是有限的。这些器件和设计充分利用了传统晶体管和电路的某些效应，而这些效应一直是制造更小的传统晶体管和电路的障碍。虽然电子纳米计算机不具有传统概念上的晶体管，但依然通过在电位储存信息来实现运作。目前有几种纳米电子数据存储方法正在研究中。其中，最有可能实现的是单电子晶体管和量子点[3]。所有这些设备功能是以量子力学原理为基础的。通过调节量子点附近电场来改变电子数量。每个量子点大小在 30nm~1μm 不等，并且具有 0~100 个以内电子[2]。

3.1.2 机械纳米计算机

机械纳米计算机将使用一种称为"纳米齿轮"（nanogear）的微小移动部件来编码信息。因为力学纳米计算机的概念类似于 19 世纪 Charles Babbage 发明的分析机，所以该项技术引发了广泛争议。部分研究者认为机械纳米计算机根本无法实现。但 Eric Drexler 和 Ralph Merkle 作为纳米技术领域研究力学纳米计算机的领跑者和先驱，他们认为，通过一种称为"机械合成"（mechano-synthesis）或机械定位的过程，将可以实现这样微小机械的组装[4]。

纳米机械设备组装需要一些人工操作环节将几个原子从一个地方移动到另一个地方是一项乏味的工作，使用这种技术制造一个可靠的系统将是一项非常困难的任务。

3.1.3 化学和生物化学纳米计算机

化学和生物化学计算机可以根据化学结构与相互作用来储存和处理信息。

一般来说，化学计算机处理信息时，会生成或断裂化学键，通过产生的化学（即分子）结构储存逻辑状态或信息。使用化学纳米计算机时，计算过程以化学反应（化学键断裂和形成）为基础，输入被编码在反应物的分子结构中，输出则可以从产物的结构中提取出来。这意味着对化学纳米计算机而言，它利用了不同化学物质及其结构之间的相互作用来储存和处理信息。

生物化学纳米计算机其实存在于大自然中，所有生物体内都可以找到它。

然而，人类并不完全掌握这些系统，我们对动物大脑和神经系统认知浅薄，因此，要制造或实现这种"天然"生物化学计算机的可能性非常渺茫。例如，我们不能编程一棵树来计算圆周率 π 的数位，也不能编程一种抗体来对抗一种特定的疾病（尽管在疫苗、抗生素和抗病毒药物的研制方面，医学已经接近这个想法）。

3.1.4　量子纳米计算机

量子纳米计算机以原子量子状态或自旋的形式储存数据。当前，计算机数据存储是以位为单位的，使用二进制系统，其中每一位的值不是 1 就是 0。而量子计算是通过应用量子力学，并用量子位代替比特测量数据，因此指数级扩展了计算机的潜力。量子纳米计算机的技术已经以单电子存储器和量子点的形式发展起来。原子内单个电子能量状态一般由电子能量等级或电子层表示，理论上可以表示 1 位、2 位、4 位、8 位，甚至 16 位数据。量子技术最大的问题是不稳定性，电子瞬时能量状态难以预测，更难以控制。一个电子可以很容易变成较低能量状态，并释放光子；相反，一个光子撞击一个原子会导致它的一个电子跳到一个更高的能量态[5]。

3.1.5　DNA 纳米计算机

DNA 纳米计算是利用 DNA、生物化学、分子生物硬件代替传统硅技术计算机技术的一个计算分支。在 1994 年，当 Leonard Adleman 使用 DNA 片段来计算一个复杂图论问题的解时[6]，他向另一种化学或人工生物化学计算机迈出了一大步。就像有多个处理器的计算机一样，这种 DNA 计算机能够同时考虑一个问题的多种解决方案。DNA 计算机原型是 Leonard Adleman 设计的 TT-100，是一个装满 100μL DNA 溶液的试管。例如，他设法解决了一个有向 Hamiltonian 路径问题[7]。

这些计算机利用 DNA 储存信息，并进行复杂的计算。DNA 本身容量极大，使其能储存错综复杂的生命体蓝图。1gDNA 信息储存容量相当于 1 万亿张光盘[8]。

3.2　纳米计算机发展历史

1959 年，物理学家 Richard Feynman 谈到，未来微型机器将发挥重要价值。这是首次将科幻小说描绘的科学技术作为现实来讨论。Feynman 观察到，人类是有可能制造和运行亚微观机器的。他提出，可以通过一次操作一个原子来组装大量完全相同的设备。Feynman 的观点一开始的确激发了人们的兴趣，不过并未引起技术团体和公众的广泛关注，因为在当时，一个原子一个原子地构造结构似乎是遥不可及的[2]。1959 年，在集成电路上只能装一个晶体管[9]。20 年后，几千个晶体管的电路已非常普遍了[3]。

20 世纪 60 年代，Fairchild 半导体公司和英特尔联合创始人兼 CEO Gordon Moore 发现，微型处理器容纳的晶体管数每经过 24 个月便会增加 1 倍。随着这一经验持续得到验证，人们将这一现象称为"摩尔定律"（Moore's Law）[10]。

Aviram 和 Ratner[11] 以单个有机分子为基础制造了一个非常简单的电子设备的结构，即分子整流器，它由供体 π 系统和受体 π 系统组成，中间用 σ 键（亚甲基）隧道桥隔开。

20 世纪 80 年代初，生物化学家和基因学家们发现了如何把较短长度的脱氧核糖核酸（DNA）和核糖核酸（RNA）拼接成较长序列，从而推动了分子遗传产业的发展。例如，Mullis 发现了一种被称为聚合酶链式反应（PCR）的生物化学过程[12]。该过程允许指数级的复制链 DNA，将一些遗传物质分子放大成宏观上可测量的量[13]。

到 20 世纪 80 年代中期，计算机的小型化已经足够在一块不到 $1cm^2$ 的芯片上容纳一百万个晶体管。此外，人们在 80 年代初发现了量子点。量子效应也被应用于扫描隧道电子显微镜（STMs）和原子力显微镜（AFM）的发展，通过这些显微镜，科学家们可以观察和操控单个原子[14]。

据 Feynman 设想，这些分子领域的进步预示了纳米科技的到来。纳米技术的概念最早是 Taniguchi 于 1974 年提出，但真正流行开来，是科学家、预言家 K. Eric Drexler 在 20 世纪 80 年代出版的著作《*Engines of Creation：The Coming Era of Nanotechnology*》中提及的[4]。

在 20 世纪 90 年代，物理学、化学、生物化学、电力工程与计算机科学的发展汇合在一起，开始形成一条通向实用、有用纳米技术的道路。一场小型化革命正在发生。微米级机械工程和制造已经成为一个可以进一步实现纳米级小型化的产业。Angell 等[15] 研究了硅微型机械器件的制造技术、性能和应用。图 3-1 显示了纳米技术发展的关键事件时间表。

受到 Feynman 启发，来自加利福尼亚大学的研究团队 Gina Adam 和 Dmitri Strukov 设计了一种纳米尺寸的功能性计算设备[16]。这个概念是基于一个三维密集电路（垂直结构，不同于本质上水平结构的电路板），它运行在一种非传统的逻辑上。理论上，纳米计算机所占空间不超过 50nm×50nm×50nm。这种单一计算机的一个基本资源是使用记忆电阻器，它是一种电路元件，其电阻取决于负载和流过它们的电流的最新地址（图 3-2）。

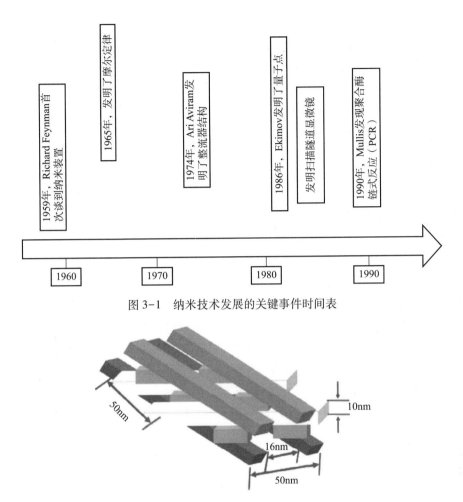

图 3-1　纳米技术发展的关键事件时间表

图 3-2　堆叠在一起的一组记忆电阻器的示意图，其尺寸可以
满足 Feynman 提出的巨大挑战的所需条件

　　纳米计算机以同时和局部的方式进行逻辑运算和信息存储，这大大减少了对组件和空间的需求，以便计算机执行逻辑操作，并在存储数据的站点和处理数据的站点之间移动数据。计算结果立即存储在存储器中，在机器人等自主系统的关键功能停电时，可以防止数据丢失。此外，研究人员还重新设计了记忆电阻器的传统二维结构，将其变成了一个三维块，然后可以在每边 50nm 的空间中与其他组件堆叠和捆绑在一起。

　　计算机发展历经了一系列变化，从齿轮到继电器，从晶体管和阀门再到集成电路等。如今的技术可以将逻辑门和导线安装在硅芯片上，宽度不到 $1\mu m$。很快，各元件会越来越小，直至只由一些原子构成。在这一点上，经典物理定律和量子力学的规则被打破了，所以新的量子技术应该取代和/或补充我们现有的技术。它将支持基于量子原理新算法的全新计算类型[1]。

不同的计算机制造商在这一领域取得了重大进展，如惠普（Hewlett-Packard）公司，他们和来自加利福尼亚大学的科学家们已经为一种生产纳米计算机的工艺申请了专利。该专利涵盖了将几种不同功能整合到一个纳米处理器中的过程。这是可能的，因为处理器的不同分区可以实现多个区域独立运算。

3.3 纳米计算机

摩尔定律的一个缺点是量级。如前所述，摩尔定律原理是每 24 个月微型处理器所能容纳的晶体管数增加 1 倍。英特尔（Intel）最新的芯片使用了小于 14nm 的硅晶体管[1]。从技术发展角度看，预计到 2020 年，尺寸会进一步缩小至 5nm，这显然同摩尔定律相悖，但是却打开了量子物理知识的大门。另一种选择是改变实际的硅晶体管，用 CNTs 制成的晶体管来制造计算机。2013 年，来自斯坦福（Stanford）大学的 Subhasish Mitra 教授带领研究团队建造了世界上第一个完全基于 CNTs 的计算机原型，他们称它为 Cedric。同传统硅基系统相比，CNTs 计算机更节能。此外，CNTs 计算机的运行速度更快，并且因为这类计算机具有散热能力，所以可以减少发热[17]。

另一项研究是由来自中国清华大学的科学家们开展的。他们给蚕喂食含有 CNTs 和石墨烯的溶液。他们发现这些蚕吐出的超级蚕丝不仅强度好，而且还能导电。据研究人员称，这一发现可应用于高抗度和可生物降解的保护织物品、医疗植入物和便携式生态电子产品等领域。

纳米计算机还会极大影响国防领域，包括装甲、传感器、隐身飞机、潜艇、通信系统、医疗保健和战场等。

3.3.1 纳米技术与量子计算机

当今计算机信息是用位序列表示的，处理器通过这些序列开展特定操作（如加减、在屏幕上显示图像、播放音乐、查询地址等）。经典的计算形式表现为二进制和顺序的。二进制是因为处理器使用的位只有两个值（0 和 1），顺序则体现在处理器执行的操作是一个接一个地运行。这些操作是由晶体管、电容器、连接器等元件来完成的[18]。

当物理定律阻止我们进一步缩小电路尺寸时，电子器件的小型化迟早会结束。在任何给定的时间，我们将无法继续使用当前的硅处理器、二进制和序列。最可行的方法之一是发明一种能依靠完全不同体系的计算机——量子力学。量子计算机的到来将使我们现在所知道的硬件和软件发生根本性的变化，但它将使人们能够执行今天难以想象的计算。

该领域最重要的科学家之一是西班牙物理学家 Juan Ignacio Cirac，他是 2006 年阿斯图里亚斯王子（Prince of Asturias Award）奖获得者，自 2001 年起，他一直担任享誉世界的德国马克斯·普朗克（Max-Planck）研究所量子光学研究所的主任[19]。

3.3.2　纳米计算机研究进展

惠普（Hewlett-Packard）加州帕洛阿尔托（Palo Alto，California）团队携手加州大学洛杉矶分校（UCLA）的科学家们正在研发非常小的计算机，即只有沙砾大小的计算机器，这种新型计算机可与分子相比较。

如何让计算机变得这么小呢？所有计算机都基于一个通断开关，科学家们已找到一种轮烷可以起到通断开关的作用。轮烷是结构上组合在一起的分子集合，像是一个"哑铃状分子"，插入一个"环状分子"（Macrocycle）[20]。轮烷插入两个交叉的导线之间，当分子处于"断开"的位置时，一个电子能够从一个电缆跳到分子上，再从那里跳到另一个电缆上。因此，轮烷起着电子晶体管的作用。图 3-3 是轮烷的图示。

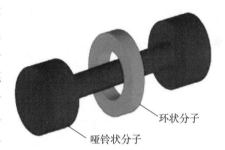

环状分子

哑铃状分子

图 3-3　轮烷原理

科学家们计划在超级计算机内部引入轮烷分子层，使新型计算机更小，更经济实惠，并将运行速度提升到现有计算机的 100 兆倍。这样的新型计算机称为化学组装的电子纳米计算机（CAEN）。轮烷的一个缺点是它只能使用一次。由于这个原因，它仅用于只读模式下的信息存储。

随着摩尔定律即将达到物理极限，更高速的计算机亟需量级更小的新技术支持。如今，纳米计算机的概念也包括在人体植入微小装置以维持人体的自然机体功能，用于疾病治疗或其他人体不能进行活动的辅助[21]。

3.4　纳米计算机在军事领域的应用

纳米计算机的应用极大地节省了能源消耗，大幅提升了药物治疗和预防疾病的能力，还大大提高了军事设备和武器的精度及作用[22]。在战争中使用纳米计算机可以制造出更多的高强度材料，如子弹、装备和其他设备。纳米技术在国防领域应用潜力巨大，特别是在传感器、转换器、纳米机器人、纳米电子、存储器、推进剂和爆炸物等领域，以提高设备和武器系统的性能[23]。图3-4展示了纳米技术在国防领域的广泛应用。

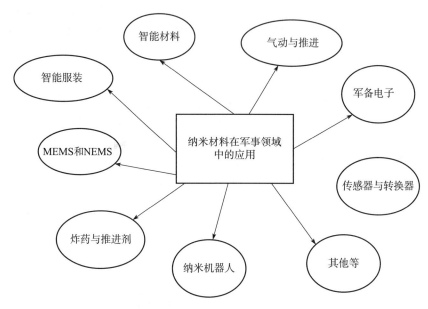

图3-4　纳米计算机在国防领域中的应用

纳米技术正被应用于武器电子领域，其中涉及微型电路制造、驱动和爆炸系统等。纳米电子元件现在是由硅元件杂交制造的，其中单个逻辑电路是由自组装的单分子晶体管制成的。如今，可导电的纳米线路和各种全新形式的记忆和存储设备已经成为可能。其中一个例子就是 CNTs 的使用。它们的特点是比人类的头发细 5 万倍，像钻石一样坚固，并且能够承受 100 倍于金属线的电流。从计算机到无线电话，系统尺寸的缩小是电子防御系统的一个持续趋势。微型化的重要意义不仅是体积更小和重量更轻。批量制造和将组件与子系统组合成更少的芯片已经成为微电子技术小型化的关键驱动因素，通过许多集成组件的并行制造，降低了成本，提高了系统的可靠性和稳健性，并在越来越小的封装中增加了功能。一般而言，机器人需要压力、位置、视觉、温度和运动传感器，以及处理信号和决定动作控制的计算机。

纳米技术的应用将可能遍及军事的所有领域，非常小的电子产品和计算机将在各方面得到应用，如护目镜、制服和军需品等。

传感器在大型复杂系统的微型电子电路中发挥着关键作用。例如，电子和光电子电路需要电压、电流、温度、光和其他传感器来运行，而大型喷气机则需要力学传感器和执行器来实现运转。

CNTs 已经被用作化学传感器，能够检测小浓度的有毒气体分子，如二氧化氮（NO_2）和氨气（NH_3）等。相较于传统气体传感器，基于 CNTs 的化学传感器优势在于：反应条件温和（室温依然能够使用）、响应速度快、灵敏度高及吸附表面积大。基于纳米管的气体传感器被用于检测生物化学武器、地雷、空气污染，甚至是太空中的有机分子[24]。

16KB 内存的纳米计算机只有 $10\mu m \times 10\mu m$ 大小，其密度是目前计算机内存的 30~100 倍。在微型机器人方面，预计使用纳米技术将有可能开发出一个家蝇大小的微型机器人，并可以实现纳米计算机对其进行操控[23]。

纳米结构材料将为国防工业提供所需的手段，以制造更轻便、更灵活、更敏捷和更具抵抗性的军事平台，包括轻型装甲车、坦克、战斗机、载人微型无人机（MUAV）等。纳米管的发展将确保平台的制造可以适应各种类型的气候条件和环境[25]。例如，很有可能的是，在未来纳米管将协助生产能够在陆地基地或海基航空母舰上操作的空中平台，而不受环境限制（如海浪、沙漠沙尘、热带植被、极端潮湿条件）。

预计信息技术（IT）领域将在中期取得显著进展。战斗系统结构、轻便的纳米网络和自组装纳米系统将显著提高态势感知能力。当准备一场战役或危机干预时，强大和高性能的计算机将支持指挥官评估来自地面、海上、空中或太空的各种传感器发出的数据。网络中心战概念无疑将受益于计算速度的提升。这样的能力是否一定会抹去"战争迷雾"仍然不确定。

3.5　更强大的计算机即将问世

预计将开发用于战略规划、作战管理和物流领域的大型系统。随着纳米技术提升了计算机的性能，它很有可能有助于大幅减少各种部件和武器子系统的尺寸。

这种改变将带来军备发展，让军备武器承载更致命的有效载荷。同时，计算机运行速度更快，耗能更少（因此可能会减少军事行动中物流环节的运行苛政）。从长远看，人工智能（AI）也会对军事发展产生影响。这项技术可以嵌入士兵的所有装备中（如手枪、防护镜、制服、弹药、微型机器人与纳米机器人等），甚至还会侵扰士兵生理机能。

在战略层面上，纳米系统可以为规划人员和战斗管理服务揭示新的潜力。把纳米技术同传感器（如智能微尘）、无线通信设备、轻便显示设备等结合，在非普遍使用前提下，可以实现全球网络重建。

首个应用于士兵身上的纳米技术解决方案是环境智能系统（AIN）。AIN

应用的一个实例是人体健康监控，在这种监测中，手机或接收器等小型设备可用于多种心率和血压监测仪或卡路里计数器。AIN 最主要的优点是它依赖于非侵入性技术。此外，士兵佩戴的系统，能监测佩戴者的健康状态，并通过释放药物或使用小材料来压紧伤口，从而产生快速反应。当作战环境遭受生物、细菌或化学物质污染时，这种侵入性纳米剂也能保证士兵继续作战前进。纳米结构警报系统会实现治疗药物等其他物质快速输送，直到搜索和救援设备帮助受伤士兵脱离战场感染区域。

借助纳米技术，特别是纳米计算机，电子系统和计算机将变得更加小巧，同时运行速度更快，耗能更低。在人工智能的合力下，这种系统将在各种军事领域中广泛运用，甚至嵌入非常小的部件（如枪支、防护镜、制服、迷你和微型机器人及弹药等）。此外，大型作战管理和战略规划系统将包含多层次和高度自主的决策系统。结合传感器、无线通信设备和小型轻便显示设备，它们将形成一个无处不在的网络，不仅在战场上，在物流方面也是如此。

实际上，最新研究已经聚焦化学、物理、电力、磁性和光学性能的新分子和超分子材料，并应用到纳米化学设备上。这些在分子电子学或生物医学上是原子尺度的机器，具有清洁动脉硬化、DNA 修复或细胞重建的功能。这些材料就是上面讨论过的轮烷。当这些微型计算机注入人体血液后，就能识别出新的细菌，并决定为对抗感染而提供的特定药物。

最初，因为有效载荷受限，弹道导弹开始使用电子电路。后来，微型技术逐渐发展，并迅速应用于计算机，大幅减小了处理器的大小。现在纳米技术开始接管，并正在开发一种体积更小的拥有更好的多维性能表现的计算机。在此需要说明的是，鉴于该发展领域秘密性和专有性质，本章未能详细说明最新发展情况。

3.6 小 结

本章探讨了计算机的基本概念。每一项技术都需要改进，计算机的小型化是计算机发展的主要要求之一，这将对国防活动的各个方面都有很大的帮助。纳米技术不仅在微型化方面，而且在开发更强大的纳米计算机方面亦有很大的帮助。除此之外，我们也谈到了科学家们和研究人员在这方面做出的努力。

参考文献

[1] Hirwani, D. and Sharma, A. , *Recent Res. Sci. Technol.* , 4, 3, 16-17, 2012.

[2] Montemerlo, M. S., Love, J. C., Opiteck, G. J., Goldhaber, D. J., Ellenbogen, J. C., *Technologies and Designs for Electronic Nanocomputers*, pp. 1-6, The MITRE Corporation, Mc Lean, Virginia, 1996.

[3] Turton, R., The Quantum Dot: *A Journey into the Future of Microelectronics*, Oxford University Press, Oxford, U. K, 1995.

[4] Drexler, K. E., Engines of Creation: *The Coming Era of Nanotechnology*, Anchor Books, New York, 1986.

[5] Sahni, V. and Goswami, D., *Nanocomputing: The Future of Computing*, pp. 1-23, Tata McGraw-Hill Publishing Company Ltd, New Delhi, 2008.

[6] Adleman, L. M., Computing with DNA: The manipulation of DNA to solve mathematical problems is redefining what is meant by "computation. Sci. Am., 94, 54-61, 1998.

[7] Ogihara, M. and Ray, N., *Nature*, 403, 13, 143-144, 2000.

[8] Braich, R. S., Johnson, C., Rothemund, P. W. K., Hwang, D., Chelyapov, N., Adleman, L. M., Solution of a satisfiability problem on a gel-based DNA computer, in: *DNA Computing. DNA 2000. Lecture Notes in Computer Science*, vol. 2054, A. Condon and G. Rozenberg (Eds.), pp. 27-42, Springer Berlin, Heidelberg, 2001.

[9] Meindl, J. D., *Sci. Am.*, 257, 4, 78-89, 1987.

[10] Wu, J., Shen, Y. -L., Reinhardt, K., Szu, H., Dong, B., *Appl. Comput. Intell. Soft Comput. Arch.*, 2013, 1-13, 2013.

[11] Aviram, A. and Ratner, M. A., *Chem. Phys. Lett.*, 29, 2, 277-283, 1974.

[12] Mullis, K. B., The unusual origin of the polymerase chain reaction. *Sci. Am.*, 262(4): 56-65, 1990.

[13] Ma, T. S., *Chest*, 108, 1393-1404, 1995.

[14] Hansma, H. G. and Lía, P., *Curr. Opin. Chem. Biol.*, 2, 579-584, 1998.

[15] Angell, J. B., Barth, P. W., Terry, S. C., *Sci. Am.*, 248, 44-55, 1983.

[16] Adam, G. C., Hoskins, B. D., Prezioso, M., Merrikh-Bayat, F., Chakrabarti, B., Strukov, D. B., *IEEE Trans. Electron Devices*, 64, 1, 312-318, 2017.

[17] Venkatesh, M. and Zhou, Ng A., *Proceedings of the* 2009 *International Conference on Software Technology and Engineering*, World Scientific, pp. 86-88, 2009.

[18] Gennady, P. B., Doolen, G. D., Mainieri, R., Tsifrinovich, V. I., *Introduction to Quantum Computers*, pp. 1-7, World Scientific Publishing Co. Pte. Ltd., Singapore, 1998.

[19] Waldner, J. B., *Nanocomputers and Swarm Intelligence*, pp. 89-130, John Wiley & Sons, Inc, 2008.

[20] Sauvage, J. P. and Dietrich- Buchecker, C., *Molecular Catenanes, Rotaxanes and Knots: A Journey Through the World of Molecular Topology*, pp. 1-6, Wiley-VCH, D-69469 Weinheim, 2008.

[21] Karkare, M., *Nanotechnology: Fundamentals and Applications*, I. K. International Publishing House, New Delhi, 2008.

[22] Patil, M., Mehta, D. S., Guvva, S., Future impact of nanotechnology on medicine and dentistry. *J. Indian. Soc. Periodontol.*, 12, 2, 34-40, 2008.

[23] Kharat, D. K., Muthurajan, H., Praveenkumar, B., *Synth. React. Inorg. Met. -Org. Nano-Met. Chem.*, 36, 231-235, 2006.

[24] Misra, A., *Curr. Sci.*, 107, 3, 419-429, 2014.

[25] De Neve, M. A., Royal Higher Institute for Defense Center for Security and Defense Studies. *Focus Pap.*, 8, 1-13, 2009.

第4章
辅助国防发展的纳米技术装甲

Pio Sifullentes Gallardo

墨西哥塔巴斯科华雷斯自治大学　化学工程系

体量特别小的物体表现形式与之前接触过的任何物体都不同。它们不像海浪，不像粒子，不像云彩，也不像台球或弹簧上的重物，亦不像任何见过的事物。

Richard P. Feynman

4.1　军事装甲历史

装甲材料是用来保护性命的。在古代，装甲材料是由木材、石头等天然原材料制成的。然后，人们用到了动物皮毛和金属。这些我们如今称为陶瓷、金属、生物材料和聚合物等材料都经历了人为的转变，这些变化通常是在宏观和微观尺度上发生的[1]。1919 年，在人们加深了对自然纤维的了解后，发明了第一件防弹背心，并首次专利注册，此后引起了相应技术革新。接下来，20世纪 60 年代期间，随着越来越多技术方面的进步，诞生了首个新一代高性能纤维体甲，使用了如尼龙塑料或弹道聚合物材料。目前的要求是在更小的层次上（纳米尺度）设计装甲材料，其中包括复合材料，其设计、研究和制造必须是跨学科的。

现在人们知道，为了保护人类的性命，装甲材料不仅要有抵挡炮弹或子弹穿透的能力，而且要有抵挡声波（也会危及生命安全）、辐射、病毒或其他危险物质（通常是气体）穿透的能力。

另外，需要强调智能材料的一些性能，如纤维或材料的自修复、伪装和记忆性能，也被用于军事科技领域。

纳米技术装甲材料性能特点包括：①减少炮弹冲击；②抵挡化学气体或屏障特性；③减少热冲击；④减少声冲击；⑤抗菌性；⑥伪装；⑦自我修复能力；⑧药物传导的能力（图4-1）。

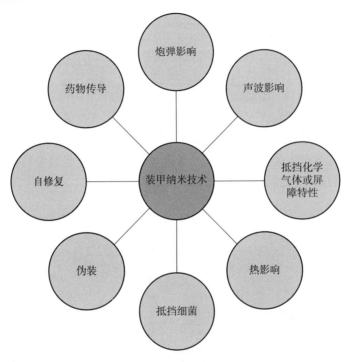

图4-1　装甲纳米材料的部分特点

因此，可以将装甲纳米材料定义为一门研究材料结构和性能的科学分支，这些材料用于保护生命，并重点关注纳米尺度。

4.2　纳米材料辅助装甲

为了研发出一种全方位保护国防士兵安全的装甲材料，所需的纳米材料涵盖聚合物、碳纳米形态、纳米复合材料、纳米材料和智能装甲的生物材料。下面简要讨论它们。

4.2.1　聚合物

塑料和树脂也被称为聚合物，它们的化学结构是由多个重复单元连接形成的一种高分子聚合物。聚合物的种类很多，其中大部分目前还处于研究阶段。

聚合物材料灵活，可以设计为纳米尺寸。虽然天然条件下可以产生如丝绸这样的高抗性聚合物材料，但是实验室中也可以合成聚合物材料。最早使用的弹道材料之一是尼龙，其次是芳纶，包括今天广泛使用的凯夫拉（Kevlar）、超高分子重量聚乙烯和聚碳酸酯。为了制造装甲聚合物材料，可以在纤维生产的聚合反应和物理转化过程中进行化学改性，这两种工艺解释如下：

4.2.1.1　聚合反应

化学反应中，聚合物使用的纳米技术包括：①纳米反应器；②微型反应器；③催化剂；④分子结构设计和试剂；⑤分子质量。

（1）纳米反应器　纳米反应器是一种进行化学反应的纳米容器，它们在自然界中作为细胞核存在了很长一段时间，一些孔是在蛋白质通道中形成的，另外一些粒子则是在实验室中合成的[2]。这些纳米反应器的一个例子如图 4-2 所示。在自然界中发生的聚合反应纳米反应器的一个例子是橡胶树毛细管道，它可以生产粒径为几纳米的天然橡胶（顺式聚异戊二烯）。

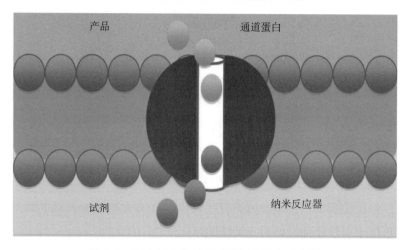

图 4-2　蛋白质中的纳米通道用作纳米反应器

有时，我们可以用病毒或聚合分子来制作纳米反应器[3-4]。小容器纳米的生产过程依然还在研究中，因为小容器内部只要一个或少量分子便可引起反应，容易引发新现象，如引入纳米反应器大小的分子，并观察发生的现象及获得产物的性能[5]。

纳米管的制备是纳米反应器设计的一个重要领域是因为纳米管具有可以作为纳米反应器使用的通道。我们发现，无论是类脂纳米管还是纳米管，在实验室中都可以用二氧化钛、氧化锌和碳来合成。最早，Ijima 发现了纳米管，它们有特殊的特性，因为它们可以以一种非常通用的方式制造，如依据不同的合成方法可以制成单壁或多壁 CNTs 材料。并且它们可以用于需要更大机械阻力的反应。此外，使用催化剂时，选用不同直径的催化粒子，可调节纳米管直径大小。获得碳纳米管的机理如图 4-3 所示[6]。

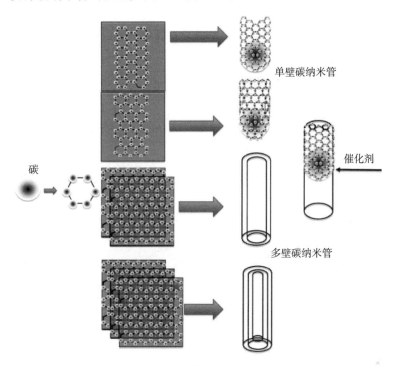

图 4-3　在金属粒子表面制作的单壁碳纳米管和多壁碳纳米管

纳米反应器的优点之一是人们可以了解自由分子之间产生的反应和分子的球形相互作用的影响，这有助于设计新材料。但是目前，较少在装甲材料制造中使用纳米反应器。

（2）微型反应器　相比纳米反应器，微型反应器在化学反应中的运用更为普遍。微型反应器是指部分或全部使用微型技术制造的容器。微型反应器设计、建造和操作过程简单。完整的系统包括微型搅拌器、微型热交换器和微型分离器。因此，微型反应器的新材料研发和扩产成本较低。

（3）催化剂　催化剂是指能加速化学反应过程但不参与化学反应的物质。不过在聚合物中，催化剂能大幅改变化学结构并显著提升产物性能。例如，装甲材料的超高分子质量聚乙烯合成过程中，使用催化剂会获得聚酰胺，如凯夫拉。CNTs 制作过程中，用纳米金属作催化剂。而 CNTs 因为具有很大的力学阻力，所以是一种非常重要的装甲材料。

纳米技术获得非常小的粒子是一个由一系列化学反应组成的过程，这些化学反应将金属催化剂的大小减小到直径只有几纳米。化学反应可以直接在粒子表面发生。例如，可以生长与催化剂粒子直径相同大小的 CNTs。这一技术将在本章的碳技术一节中进行解释。

（4）分子结构设计与试剂　在纳米设计和分子工程中[7]，新型纳米材料制作需要考虑试剂的化学结构。聚合物材料制作则需要考虑两点：一是选择芳香环，增加聚合物分子链刚度；二是聚合物分子量大小。

反应物芳香环能提升聚合物链刚度，聚酰胺就是一个很好的例子，其中就有用于防弹的凯夫拉（图4-4）。

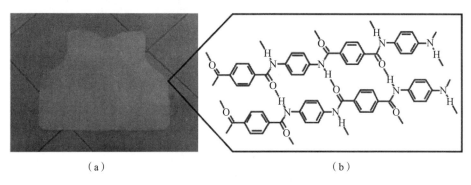

（a）　　　　　　　　　　　　　　　　（b）

图4-4　（a）凯夫拉纤维制作的防弹背心和（b）聚酰胺的化学结构

此外，这些基团的电荷会使它们具有较高的结晶度，这对进一步提高聚合物的力学强度是必要的。

（5）聚合物分子量　聚合物分子量大小是非常重要的，因为它们的力学性能会在化学反应中得到显著提升。因此，需要在化学反应中增大聚合物分子量，以得到超高分子量聚合物。例如，低分子量聚乙烯（LDPE）机械强度不高，而超高分子量聚乙烯（UHMWPE）机械强度则明显提升，并能用作装甲聚合物材料。聚合物制造方法不尽相同。图4-5 显示了聚酯纤维的制作过程。聚酯纤维制作中，反应器里会经历两个阶段。虽然反应器是一个大容器，但实际分子依然是纳米尺寸。

通过进行固态聚合反应（SSP）或溶胀聚合反应（SWSP），可以增加某些聚合物（如聚酰胺或聚酯）的分子量，这些化学反应进行前，都需要先进行缩聚反应，挤出熔融聚合物并放置水中冷却，以获得微粒或纤维[8]。

固态聚合反应中，微粒在真空环境干燥，然后温度升高，但是不产生聚团。然后，在真空萃取的帮助下，只提取了低聚物的剩余量而不引起降解。依据不同处理条件和使用的聚合物类别，固态聚合反应一般几小时就能完成。

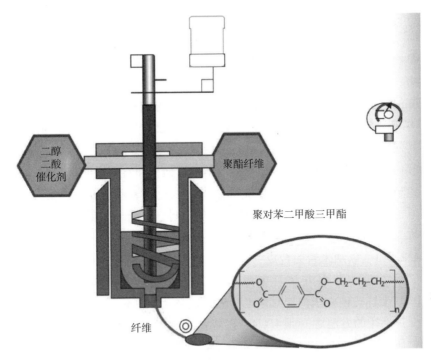

图 4-5　聚酯纤维制作过程示意图

在溶胀聚合反应中，需要使用一种溶剂，在初始阶段将聚合物膨胀，然后从微粒中提取低聚物。同样，反应过程需要保持真空。

在不改变聚合物化学结构的前提下也可以修改该工艺。这样就可以让熔融聚合物穿过孔洞，实现聚合物链在流动方向的定向性，并获得聚合物流动方向的高机械阻力。还有很多方法也能实现定向性。一种已知的纤维挤压方法是放置溶液中，另一种方法则需要利用磁场来产生纳米纤维。

聚合物链的取向也可以通过施加电场来实现，电场会使聚合物链从连接到一个极的溶液吸引到连接到另一个极（静电纺丝）的溶液。通过该工艺，可以得到聚合物纳米纤维和纳米复合材料的纳米纤维[9]。这个过程叫作静电纺丝，如图 4-6 所示。

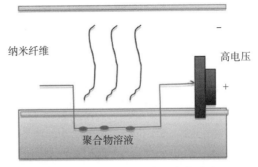

图 4-6　静电纺丝制备聚合物纳米纤维的工艺示意图

4.2.2 碳的纳米形态

虽然钢是一种抗冲击材料，但人们也发现其他材料具有同样或更强的抗冲击能力，而且更轻；在这些材料中，20世纪50年代末发现的碳纤维是最早为人所知的材料之一。从聚丙烯腈（PAN）中获得的材料至今仍在使用，但自1991年 Iijima 教授发现 CNTs 后，CNTs 已经是已知的耐冲击性最强的材料之一，其强度是铁的100倍。CNTs 也得以在相关领域进行应用[10-11]。从碳中获得的其他纳米形态可用于聚合物基体的纳米增强，如石墨烯或富勒烯薄板[12]。

鉴于碳纳米管是最重要的填充物之一，因此将着重讨论这些粒子。CNTs 由碳原子组成，直径小于10nm，有时由多个同心壁形成；前者称为 SWCNTs，后者称为 MWCNTs。这两种类型的 CNTs 如图4-3所示。

4.2.2.1 碳纳米管的合成

CNTs 合成的常用方法有电弧放电法、激光烧蚀法和化学气相沉积法（CVD）。上述三种方法操作时，也会做一些变化以降低成本和提升合成质量。其中，最常用的方法之一是 CVD。它需要两个高温熔炉：第一个用含有碳元素的物质或前体，通过热解获得碳原子。整个 CVD 过程中必须要隔绝氧气。CVD 熔炉的反应温度根据合成 CNTs 所用前体降解温度设置。同时，还得用气体载体来运输碳原子，如氩气、氮气或氢气。第二个熔炉内放置一个石英样品架，在其上沉积由纳米金属氧化物组成的催化剂。用金属盐来准备纳米金属氧化物的催化剂，通过高温和氢气的帮助进一步还原成纯金属粒子。碳原子会在这些粒子表面沉积，逐渐形成 CNTs。该工艺所使用的设备示意图如图4-7所示。

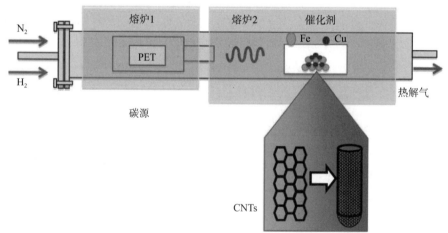

图4-7 富含碳元素的前体热解后，用 CVD 合成 CNTs

CVD 中，一般使用铁、镍、钴等金属氧化物作催化剂，催化剂分子直径至关重要，因为其将直接决定纳米管直径大小。反应完成后，催化剂依旧留在纳米管内，在某些情况下它将是污染物，并有必要对其进行后续提炼（图 4-8）。

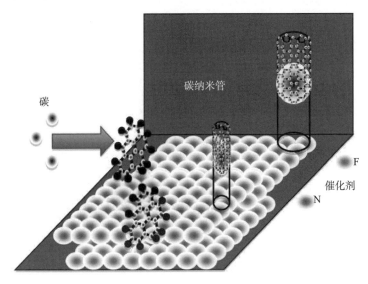

图 4-8　纳米催化剂表面逐渐沉积碳纳米管

提炼过程是用含有盐酸、硝酸或混合的溶液产生化学反应。这种溶液与催化剂发生反应，但不会降解 CNTs。经过几次冲洗，直到 pH 值达到中性后，再用离心法和烤箱干燥，最后分离出碳纳米管。

此外，会存在一些残留物，如石墨和 CNTs 的混合物。CNTs 耐高温，因此可以用 750℃ 以下高温煅烧，以去除不规则碳残留物。图 4-8 给出了 CNTs 制备过程示意图。

一般情况下，CVD 获得的是 SWCNTs 和 MWCNTs 的混合物，据 Iijima 教授建议[13]，如果在反应中混合一些氢气，设置催化剂熔炉温度到 900℃，或控制其他反应条件，可以提升或稳定 SWCNTs 的产出。

4.2.2.2　碳纳米管功能化

对于装甲纳米复合材料来说，聚合物基体和 CNTs 之间必须有牢固的化学键，因为除了改善可溶解性和可加工性等其他性能以外，其力学性能也得到了显著改善，从而增加了可能的应用。

CNTs 功能化是在 CNTs 基础上添加能够和基体发生反应的功能性化学基团，使两个物质之间形成牢固的化学键。几种不同方法都可以给 CNTs 开放端和空隙增加功能性化学基团（图 4-9）。CNTs 添加的活性基团中，已经有酰胺化、酯化、卤化和氧化等。其中，氧化性是因为提炼过程中存在的氧气可以使温度提升。

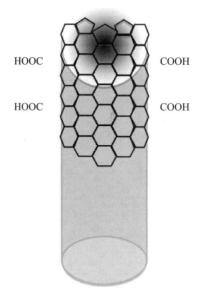

图 4-9 CNTs 的功能化

4.2.3 纳米复合材料

纳米复合材料由两种或多种材料组成，可以是与陶瓷或金属混合的聚合物。一般根据不同的应用场景设计不同的纳米复合材料，如装甲化合物。纳米复合材料制取时，需要在连续基底中添加纳米填料（图 4-10）。根据不同应用需求，可以选择几种填料或聚合物基底。此外，还要注意选用之前分别考虑纳米基底和纳米填料特性，如物质之间的连接或反应以及是否形成化学键等，从而使得它们能加强生成物的力学性能。

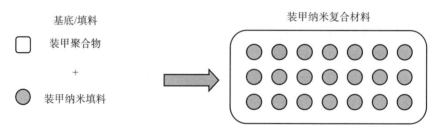

图 4-10 用于制造装甲材料的纳米复合材料

图 4-11 为精简版装甲纳米复合材料设计示意图。需要指出，实际情况中，装甲纳米复合材料需要多种性能，因此也需要更多填料。在前面的例子中，聚合物兼具弹性和弹道性能，如聚酰胺。在制造领域，填料是一种聚合物增强剂，如聚合物基底中加入碳纤维填料。碳纤维的脆性中和了聚合物的弹性，可实现单个材料兼备两种特性。

纳米复合材料性能与其他复合材料完全不同。例如，只用加入少量填料，就能获得同样的力学性能，因此显著减少了制作成本。另一个特点是因为纳米粒子填料反应下结构黏性大幅提升，所以需要相应地调整设备加工来生产纤维，且由于黏性较高，纳米复合材料很难被挤压。

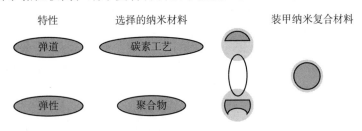

图 4-11　装甲纳米复合材料设计的简化例子

Hazell 曾用聚合物和金属材料[14]来合成纳米复合材料。装甲材料中常见的金属材料有钢、铝、钛、硼（准金属），陶瓷材料有玻璃纤维、矾土、碳化硅、碳纤维、石墨。近来聚合物基底中也会加入 CNTs[15-17]。

在现有材料中，碳使用率很高，主要得益于其和聚合物混合或结合后，质地轻且抗性好，得到的聚合物一般是聚酰胺或高分子量聚合物，如表 4-1 所列[18]。可以看出，四种材料中质地最轻、抗性最好的是 CNTs，且其耐热性好，空气中分解温度为 750℃。表 4-1 中没有列出钢，是因为钢是一种很重的材料。但在实际生活中，因为钢经济实惠且加工和焊接简单，所以仍广泛使用。

表 4-1　具有高力学强度性能的材料

纤维	密度/（g/cc）	抗张强度/GPa	模量/GPa
聚酰胺	1.44	2.8	70~170
碳	1.66	2.4~3.1	120~170
硼	2.5	3.5	400
碳纳米管	1.33	50	1000

熔融加工：这是一种通过高温加热熔融聚合物和填料的方法。熔融加工是

工业领域非常常用的方法，方法闻名且操作简单，但熔融所有聚合物并不方便，特别是高分子量聚合物和聚酰胺，主要由于其环状结构具有超刚度。因此，这种方法存在一定局限性。

溶液混合：溶液混合下，聚合物首先溶解于适当的溶液，接着添加如CNTs类的装甲填料，并进行深入混合。有时，也会用超声技术分离结块的CNTs。有时也采用混合溶液，并在搅拌时加热，从而帮助聚合物溶解。如果粒子特别小，表面积显著增加，会发生反应使粒子聚合在一起，并难以分离。在指定温度下，很多溶液或溶液混合物都可用[19]。溶液挥发后，冷凝方便以后使用，模具中就得到了纳米复合材料。因为像聚酰胺、超高分子量聚乙烯、聚碳酸酯等聚合物可以与装甲填料融合，所以溶液混合方法更适合装甲纳米复合材料生产。溶液混合法原理示意图如图4-12所示。

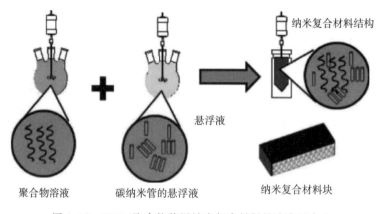

图4-12　CNTs/聚合物装甲纳米复合材料的溶液混合法

原位聚合：原位聚合法中，聚合反应初期，在尚未形成单体之前，直接往反应物中加入CNTs，并同试剂混合，整个过程与生产聚酯纤维的过程类似。在化学反应过程中，需要搅拌数小时，深度混合会形成CNTs结团，需要将其均匀地分散在聚合物基底中。化学反应中，保证8h温度控制、剧烈搅拌，使CNTs和聚合物基底充分结合和反应，这样产生的生成物能具有良好的力学性能，并用来制作装甲纳米复合材料。同时，两种材料良好连接后也能显著提升其他性能。图4-13以聚酯纤维为例，展示了原位聚合法的设备和填料。通过控制氮气压强，纤维挤出阶段可以直接在反应器中进行。

原位聚合法优点是填料和聚合物间会形成化学键，如凯夫拉和多壁碳纳米管[20]。原位聚合过程与溶液混合相似，反应器中加入环己烷磷酰胺作初期溶液，因此原位聚合也称为溶液缩聚法，两种方法都会产生化学反应，并形成化学键。

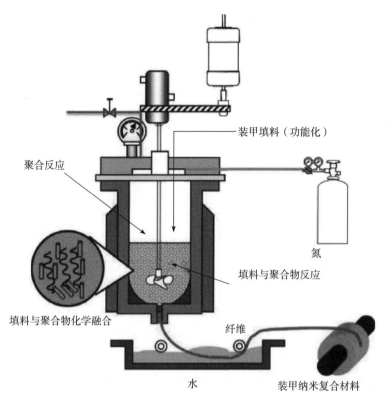

聚合反应

装甲填料（功能化）

氮

填料与聚合物反应

填料与聚合物化学融合

纤维

水

装甲纳米复合材料

图 4-13　原位聚合法制备装甲纳米复合材料

　　获得纳米复合材料的其他方法：一种方法是使用乳胶，即不同大小聚合物纳米粒子溶于液体的混合物，再用超声处理含有装备纳米填料分子的悬浮液，然后直接倒入乳胶，并不停搅拌混合物。最后，待乳胶凝固后，加入酸或添加剂改变 pH 值，液体就能同纳米复合材料分离。但该领域仍处于研究中，上述方法能与其他方法结合使用，同样也可以换用新的操作步骤。

4.2.4　智能纳米材料装甲

　　生命保护装备中的智能材料是多功能纳米材料，在受到刺激后，能自主测算和处理信息，随后回复到最初状态或其他需要状态[21]。如果有必要保护用于军事目的的纳米机制，那么该定义也适用于设备的安全，而不仅仅是军事人员的安全[22]。军事领域中，因为这些防弹装备材料能对炮弹穿透做出反应或回应，所以被称为反应材料。其他材料则被称为被动材料，因为它们只能阻止炮弹，没有相应传感器进行信息处理后再进行智能应对。智能纤维系统包括传感器、信息处理和执行器（图 4-14）。在此基础上，还能添加信息存储和控制中心连接的通信装置，实现对智能系统的强化。

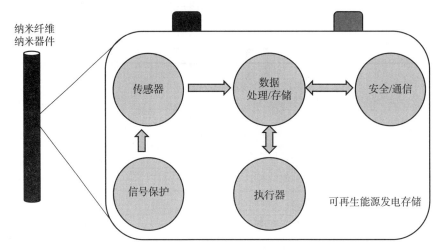

图 4-14　典型的装甲智能纳米材料

据 Chang 和 Read 的研究[23]，有一些材料能表现出一种称为记忆的性能，如金属、合金、陶瓷、聚合物、塑料和复合材料。形状记忆指的是材料变形后又恢复到最初形状。因此，具有特定温度下形状记忆的材料，能很好实现指定温度下变形，但如果回复到最初温度，材料将会恢复到最初的形状（设计师材料）。镍钛合金有良好的可加工性、抗疲劳性与抗腐蚀性，并且功能多样。陶瓷材料之所以质地脆弱，而且难以恢复原形，就是因为形态改变时会产生微裂纹。

对聚合物而言，裂纹现象少见，因此非常适合这方面研究。例如，植入人体（如尿道）的导管材料就是如此（图 4-15）。以聚氨酯为基础的其他一些材料也具有优异的记忆性能，并在用于医学应用时，在细胞毒性试验中表现出良好的结果。

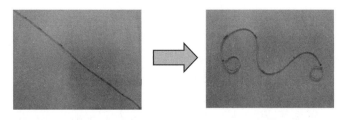

图 4-15　体温条件下，笔直的聚合物改变了形状（形状记忆）

还可以改变如 pH 值的其他变量，让一些有交联聚合物的纳米材料改变形状，并诱发形状记忆（图 4-16）。

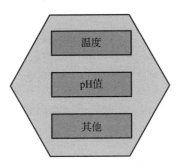

图 4-16　聚合物的形状记忆可以随 pH 值、温度或其他变量的
变化而改变，然后恢复到原来的形状

执行器用到了良好机电机制记忆特性的材料，如图 4-17 所示。其结构采用电活性、电致伸缩或压电材料。在电活性材料中，施加电场使聚合物阴离子和阳离子被排出或吸收，从而使材料发生收缩或膨胀。此外，电活性材料是一种电介质，在电场作用下，电活性材料表面会出现相互吸引。就压电材料而言，它可以通过施加外力来提供电能，这也是压电材料可以用于纳米材料中的根本原因。因为当其与纺织纤维结合时可以保护生命，所以压电材料可以增加另一种功能。这可以为低功耗的战术装备提供动力。

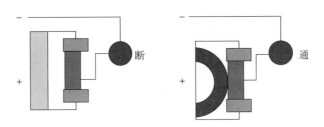

图 4-17　执行器的操作显示通断位置

智能纳米材料的反应还包括颜色变化、化学或电子结构变化，其中涉及处理、接收和发送信息。

4.3　小　结

对装甲保护军事人员的要求是非常迫切的。当今作战环境下，强度更高、更加智能是对军用防护装甲的基本要求。本章简要谈及了智能装甲会用到的纳米材料和复合材料。此外，纳米技术装甲中也会采用聚合物和碳纳米材料等。

参考文献

[1] Ashcroft, J., Daniels, D., Hart, S.,*Selection and Application Guide to Personal Body Armor*, pp. 1-20, NIJ Guide 100-01, National Institute of Justice, Rockville, MD, USA, 2001.

[2] Ostafin, A., Landfester, K., Sridar, L., Moukasian, A. (Eds.), *Nanoreactor Engineering for Life Sciences and Medicine*, pp. 5-6, Artech House, Boston, London, USA, SBN13 9781596931589, 2009.

[3] Ma, J., Zhang, L., Geng, B., Azhar, U., Xu, A., Zhang, S., *Molecules*, 22, 152, 152-165, 2017.

[4] Comellas-Aragones, M., Engelkamp H., Claessen V. T., *Nat. Nanotechnol.*, 2, 10, 635-639, 2007, doi: 10. 1038/nnano. 2007. 299.

[5] Karlsson, M., Davidson, M., Karlsson, R., Karlsson, A., Bergenholtz, J., Voinova, M., Orwar, O., *Annu. Rev. Phys. Chem.*, 55, 613-649, 2004.

[6] Loiseau, A., Launois-Bernede, P., Petit, P., Roche, S., Salvetat, J. -P.,*Understanding Carbon Nanotubes-From Basics to Applications*, p. 552, Secaucus, New Jersey, U. S. A.: Springer Verlag, 2006.

[7] Hearle, J. W. S., *High-Performance Fibres*, vol. 327, CRC Press, Boca Raton, Boston, New York, Washington DC, 2001.

[8] Zhu, J., Ding, Y., Agarwal, S., Greiner, A., Zhang, H., Hou, H., *Nanoscale*, 9, 18169-18174, 2017.

[9] Li, K., Wang, Y., Xie, G., Kang, J., He, H., Wang, K., Liu, Y., *J. Appl. Polym. Sci.*, 135, 46130, 2018.

[10] Iijima, S. and Ichihashi, T., *Nature*, 363, 603-605, 1993.

[11] Hata, K., Futaba, D., Mizuno, K., Namai, T., Yumura, M., Iijima, S., *Science*, 306, 1362-1364, 2004.

[12] Khan, W., Sharma, R., Saini, P., Carbon nanotube-based polymer composites: Synthesis, properties and applications. IntechOpen, London, UK, 2016, doi: 10. 5772/62497.

[13] Sharon, M. and Sharon, M., *Def. Sci. J.*, 58, 4, 5491-5516, 2008.

[14] Hazell, P., *Armour: Materials, Theory, and Design*, pp. 54-62, CRC Press, Boca Raton London New York, 2015.

[15] Nataraj, S. K., Yang, K. S., Aminabhavi, T. M., *Prog. Polym. Sci.*, 37, 487-513, 2012.

[16] Kumar, A., Chavan, V., Ahmad, S., Alagirusamy, R., Bhatnagar, N.,*Int. J. Impact Eng.*, 89, 1-13, 2016.

[17] Mylvaganam, K. and Zhang, L. C., *Nanotechnology*, 18, 1-4, 2007.

[18] Kimura, Y., Tsuchida, A., Katsuraya, K., *High-Performance and Specialty Fibers*, p. 451, Springer, Japan, 2016.

[19] Mark, J. E., *Polymer Data Handbook*, p. 1012, American Chemical Society, J. Am. Chem. Soc. 131, 44m 16330, 2009.

[20] Sainsbury, T., Erickson, K., Okawa, D., Sebastian, C., Frechet, J., Zettl, A., *Chem. Mater.*, 22, 2164-2171, 2010.

[21] Aliberti, K. and Bruen, T., Designer Materials. *Army Logistician*, 38, 36-41, 2006.

[22] Kiekens, P. and Jayaraman, S., *Intelligent Textiles and Clothing for Ballistic and NBC Protection*, NATO Science for Peace and Security Series: B, Physics and Biophysics, pp. 119-136, Springer, Dordrecht, The Netherlands, 2012.

[23] Chang, L. C. and Read, T. A., *Trans. AIME*, 189, 47-52, 1951.

第5章
纳米技术和武器

Chetna Sharon

美国弗吉尼亚联邦大学内科系血液学、肿瘤学、和缓治疗部
弗吉尼亚 Hunter Holmes McGuire VA 医学中心，Richmond

在思考当今的纳米技术时，最重要的是理解它的发展方向，在组装技术取得突破后，纳米技术会是什么样子？

K. Eric Drexler

5.1 介　绍

远古时代，人类生存的基本需求无非是摘果实充饥，拿武器猎杀动物。慢慢地，人们需要庇护所、能量来源（如火）以及衣物蔽身。随着人类智力发展，逐渐有了汽车和家具等其他用品。人类这种神秘而奇特的生物，开始充分动用他们的大脑灰质开始制造石头、木头、金属武器，最终发展到制造今天的爆炸性化学物和核能武器。如今，最新最前沿的科学领域——纳米技术——终于引起了人们的兴趣。科学家们发现纳米级粒子极好地展现出巨大影响和宽广应用前景。而纳米技术研究独特的、无所不在的现象，也激发了未来武器研制兴趣和热情，为现代战场纳米技术的广泛应用做好了铺垫。

可以毫不夸张地说，Eric Drexler[1]是一位先驱，他为构建分子组装器和纳米大小的机器的可能性奠定了基础，他让许许多多纳米级物质找到多样的应用场景，这也包括了武器领域。这种可能性给许多类似纳米武器的研制提供了动力，纳米武器将会让传统武器黯然失色，并且"未来战争将使用纳米武器"[2]。现在人们普遍认为纳米技术最终会用纳米武器彻底取代传统核武器，因为纳米武器制造简单、运输方便，但是难以监控，而且几乎会立即被淘汰

（更新非常快）。

军事人员看到了纳米技术的应用优势，可以将它们用来制造大规模杀伤性武器（WMDs），减少隐身飞机的有效载荷且实现精准投放。

5.2　武器领域发展纳米高能材料的考虑

纳米材料已设想加入到纳米高能材料（HEM）中。高能材料是一种启动后可释放高能量率的材料，如推进剂、炸药和烟火药等。纳米粒子性能独特，尤其是高表面积和强表面活性，使其成为应用于高能材料的主要原因。如纳米材料能加强推进剂的燃烧效率，增强炸药的爆炸性能和力学强度。现用于制取纳米原料的有高氯酸铵（AP）、铝（Al）、黑索今（RDX）、六硝基六氮杂异伍兹烷（CL-20）、硝仿肼（HNF）以及金属氧化物等。对 HEM 而言，需要提供比冲量、燃烧率、力常数、引爆速度、密度和亮度等。单一纳米原料可能无法满足以上所有需求，何况推进剂、炸药与烟火药性能诉求并不相同，因此HEM 制造中会用到复合材料、结合物，或几种材料的混合物。且无论是推进剂、炸药还是烟火药，用的都是固体粉末，不同材料粒子大小也不尽相同。

国防领域使用纳米粒子的主要原因是产品微型化兼具新性能，如高化学反应活性、高表面积和体积比以及独特的燃烧特性等。除了 HEM 原料，还需要端羟基聚丁二烯（HTPB）黏合剂、甲苯二异氰酸酯（TDI）固化剂、己二酸二辛酯（DOA）增塑剂。双基推进剂中要用到的原料还包括硝化纤维、硝化甘油和氨基甲酸酯等。

在纳米武器制造中，减少纳米材料的缺陷浓度也可利用到 HEM 中。

5.2.1　推进剂

传统推进剂是硝化纤维和硝化甘油组成的双基推进剂，推进剂中装有氧化剂和金属燃料结合剂。

最常用的氧化剂包括以下几种：

（1）高氯酸盐类：钾、铵、硝。

（2）氯酸盐类：钠、钾、钡。

（3）硝酸盐类：钾、铵、钠、钙、锶、铯、钡。

（4）高锰酸盐类：钾、铵。

（5）重铬酸盐：钡、铅、钾。

（6）氧化物和过氧化物：过氧化钡、过氧化锶、四氧化铅、二氧化铅、三氧化铋、铁氧化物（三价）、铁氧化物（二价和三价）、锰氧化物（四价）、铬氧化物（三价）、锡氧化物（四价）。

（7）硫酸盐类：硫酸钡、硫酸钙、硫酸钠、硫酸锶（硫酸盐类可在高温条件下使用）。

（8）有机化合物：硝酸胍、六硝基乙烷、黑索今和环四次甲基四硝胺。

（9）其他类：硫、聚四氟乙烯和硼。

因为这些材料固体粒子较少或微不足道，所以纳米粒子不会产生改进作用。但是在复合材料推进剂中：

（1）80%~85%固体（氧化剂、固体燃料以及金属和过渡金属氧化物催化剂）作燃速改进剂。火箭推进剂中，最常用的氧化剂是高氯酸铵，其氧含量高，生成热理想，且在导弹和火箭的工作压力及温度下稳定性强。其他尝试用到的固体氧化剂有二硝酰胺铵（ADN）、硝仿肼，这两种氧化剂产生的废弃更环保。但是 ADN 的问题是，它的强吸湿性不能与丁二烯类复合材料推进剂的结合剂相容，如端羟基聚丁二烯（HTPB）。

（2）作为金属燃料的高氯酸铝（AP）和铝（Al）能提升燃烧率。同时，在推进剂中加入铝等金属燃料可以提高密度、增加能量含量和抑制不稳定性。

在纳米尺寸的结晶铬酸铜（$CuCr_2O_4$）中，纳米铬酸铜[3] 和纳米粉末镍、铁、铜[4]可以提升 AP 的热分解作用。氧化铜（CuO）在提高高温放热峰和降低高温放热方面也比微米级尺寸更有效。

（3）采用沉淀法制备的 Cu/CNTs 复合材料对 AP 的分解具有很高的催化性能。对于推进剂来说，电缩聚法制备的纳米铝，其表面掺杂钡、苯、硅或橡胶，具有钝化氧化层为 3nm 的 43nm 球形纳米粒子，燃烧效率更高，并能减少聚合[5]。

催化剂：制作推进剂过程中，有些氧化剂也充当催化剂，如重铬酸铵就在硝铵基的推进剂制作过程中，发挥催化剂作用。但是，通常推进剂制造中，需要用过渡金属和金属络合物作为催化剂，以加速燃烧和提高稳定性，如铁氧化物（三价）、水合氧化铁、二氧化锰、重铬酸钾、亚铬酸铜、水杨酸铅、硬脂酸铅、2-乙基己酸铅、水杨酸铜、硬脂酸铜、氟化锂、N-丁基二茂铁、二丁基二茂铁。

5.2.2　炸药

纳米级粒子应用于炸药经历过很多试验和尝试。后来发现纳米级黑索今（RDX）要比微米级黑索今对振动和冲击的敏感性更小。研究发现，铁纳米粉末可以使奥克托今（HMX）分解温度降低 90℃，而铝、镍、铜、钨钠米粉末也被发现可以减少 HMX 的产生[4]。为了提高炸药的爆炸和燃烧性能，需要改变季戊四醇四硝酸酯（PETN）的表面性能。一般，用羧甲基纤维素钠（CMC-Na）和白糊精作为纳米六硝基芪（HNS）的表面镀膜，也能加强 HNS 的短时间脉冲敏感性[6]。

金属铝因其高燃烧熔而被添加到炸药中，以提升爆炸性能、水下性能，提高爆炸产物温度，改变均衡产物分布和影响能量释放率。而且铝已被发现要比用于炸药的其他金属燃料（如铍、硼、钨等）更好。但据 Jones 等[7]研究，因为铝氧化物的钝化问题，纳米级铝性能不及预期，使用纳米级铝时，体积大小和钝化层厚度，都会影响初始温度、熔变和氧化颗粒[8]。90nm 铝纳米粒子就比 180nm 铝纳米粒子反应更为强烈。此外，纳米级铝还会增加 TNT 和 RDX 的高温分解率，使初始温度降低，并加强 HEM、TNT、HMX、RDX 的静电灵敏度。当加入三氧化二铬（CR_2O_3）后，RDX、HMX、PETN 表现出的反应性均得到增强[9]。

其他纳米炸药复合材料，如 Tappan 和 Brill 合成的 CL-20nm 粒子，表面均匀包裹 HDI 连接 20~300nm 的硝化纤维膜和 90% 的固态负荷[10]。同样地，HEM 也用先进黏合剂包裹，如 poly-AMMO-BAMO（聚合物 3-双叠氮甲基氧杂环丁烷和 3-叠氮甲基-3-甲基氧杂环丁烷）、poly-NMMO-GAP（3-聚硝甲基氧杂环丁烷-3-氧化物和聚叠氮缩水甘油醚）。这些纳米复合材料在爆炸时会产生较高热量[11]。

Kanel 等[12]还发现，微米级硼大小在 $0.1~1\mu m$ 加入 HMX 后，会负面影响爆破参数，也会因为燃烧而增加热量。但纳米级硼或铝效果却相反，能积极影响燃烧率，加速其他物质分解。

添加剂：Stamatis 等[13]研究发现，纳米粉末添加剂，如 $8Al+MoO_2$ 和铝中加入 2B+Ti，可以增强燃烧率和升压速率。很多其他铝和硼的纳米复合材料也正进行力学性能和反应性能测试，如 $2Al+MoO_3$、$2Al+Fe_2O_3$、$2Al+CuO$、$8Al+WO_3$、2B+Ti 和 2B+Zr。

添加其他常用的添加剂：①冷却剂，如黏土、硅藻土、矾土、二氧化硅、氧化镁或碳酸盐类等吸热分解材料；草酰胺是一种高性能的燃烧率抑制剂，碳酸锶则是一些火药的阻燃剂；②燃烧抑制剂，如硝酸钾和硫酸钾；③遮光剂，如碳黑和石墨；④着色剂，一般会用到钡、锶、钙、钠、铜等盐类材料，作为氯气的来源并同时用于氧化剂；⑤稳定剂，如氯酸盐类、碳酸盐类（碳酸钠、碳酸钙、碳酸钡等）、硼酸、有机硼铵、2-硝基二苯胺、凡士林、蓖麻油、亚麻籽油、二乙基二苯脲。

除此之外，还会用到：防结块剂（气相二氧化硅）；黏合剂（阿拉伯树胶、桉树胶、瓜尔豆胶、柯巴脂、羧基甲基纤维、硝化纤维、大米淀粉、玉米淀粉、虫胶、糊精）；黏合剂也可以用作燃料；增塑剂（樟脑）。同时，烟火药致密成分的生产过程中，会用到黏合剂、固化黏合剂以及粘黏剂等。

5.2.3　烟火制造术

烟火技术是一种利用多种材料组合而成的技术，这些材料可以产生独立的、自我维持的放热化学反应，产生热、光、气体、烟雾和/或声音。它通常用于许多消费品，如火箭发动机模型、公路和海上遇险照明弹、烟花棒、玩具手枪火花、安全火柴、氧气蜡烛、爆破螺栓和固件、烟花、汽车安全气囊组件，以及矿采、露天开采、拆除时的气体爆破。这些产品的基本烟火成分包括：闪光粉、火药、气体发生器（如化学氧气发生器）、弹射器、爆破器、发烟剂、延缓剂、烟火药热源、白色或彩色烟花棒和火焰。

烟火药材料一般由如下小粒子构成：

（1）金属。例如铝、镁、铁、铁合金（钢）、锆、钛、钛铁合金、硅铁合金、锰、锌、铜、黄铜、钨、镍锆合金。

（2）金属氢化物。例如氢化钛（二价）、氢化锆（二价）、氢化铝、十硼烷等。

（3）金属碳化物。例如碳化锆。

（4）准金属。例如硅、硼、锑、硫、红磷、白磷、硅化钙、三硫化锑、硫化砷、三硫化磷、磷化钙、硫氰化钾。

（5）基于碳的燃料。例如碳、炭、石墨、碳黑、沥青、木屑[14]。

（6）有机化合物。例如苯甲酸钠、水杨酸钠、五倍子酸、苦味酸钾、对苯二甲酸、乌洛托品、蒽、萘、乳糖、蔗糖、山梨糖醇、糊精、硬脂、硬脂酸、全氯乙烷。

（7）有机聚合物和树脂。例如特氟龙、氟橡胶和其他含氟聚合物、端羟基聚丁二烯、端羧基聚丁二烯（CTPB）、聚丁二烯丙烯腈（PBAN）、多硫化物、聚氨基甲酸酯、聚异丁烯硝化纤维、聚乙烯、聚氯乙烯、聚偏氯乙烯、虫胶和禾木胶树脂（桉树胶）。

纳米武器中，烟火药中的纳米粒子主要用于引爆器、阻断器和热剂三个方面。

（1）引爆器。烟火药设备中引燃装置使弹药中推进剂或爆炸物燃烧。一般使用金属纳米夹层膜，这是用溶胶-凝胶法（sol-gel）合成的纳米复合材料，可用它包裹厚度为 25μm 的 Monel-400/A-1 纳米夹层基底。在此，用 Fe_2O_3（铁氧化物）作为溶胶，在浸渍纳米夹层带前加入铝[15]。

（2）阻断器。这种烟火装置需要将产品隐身地投放到战场。因此，阻断材料应具有与辐射相互作用所需的消除截面。

Appleyerol 和 Nigel[16] 曾经开展高导性的微型、纳米纤维和圆盘薄片的红外消除试验。他们发现，纤维的消光截面要比相同低频导电圆盘薄片低，并且是粒子和纵横比的主要尺寸。进一步减小粒子直径可以增加体积消光效果。他们由此提出，获得红外消光的最好效果是选用具有高导性纤维材料，且长度等同于红外辐射波长。

（3）热剂。纳米热剂是一种高科技含能材料，能增强推进剂有效性，增加弹药和导弹的高爆炸载荷。有很多种方法能点燃纳米热剂，它们不仅是"高爆物"，也是烟火药材料。高孔隙纳米热剂制作时要用到二氧化硅。其他材料组合还包括 RDX 和热塑弹性体，纳米铝（氧化剂）和 Al/Fe_2O_3、Al/CuO、Al/MoO_3、Al/WO_3、Al/Bi_2O_3。$Al/KMnO_4$ 制造中也会用到 $KMnO_4$ 纳米粒子作为氧化。热剂的高放热反应也用于焊接、熔融固体以及其他吸热反应。铁氧化物（二价和三价）是热剂和混合燃烧剂的氧化剂。

5.3　纳米粒子应用于纳米武器的条件

人们正在尝试用纳米技术制造更为致命的武器和非致命武器。致命武器的制造需要定位精准、质地轻便、不易发现，增强冲击损伤和提升性价比。与此同时，非致命武器目标是让敌人暂时无法行动。不论是哪种纳米武器，纳米系统材料都需要具备以下特点：

（1）强度高。

（2）质地轻。

（3）能够吸收雷达特征。

（4）超强穿透力。

（5）搭载内置火力控制传感器的武器携带系统。

（6）纳米材料应在受到冲击时锐化或提供额外损伤。因此，铝纳米粒子被用作推进剂，量子结构被用于定向能武器，如微波和高能定向激光系统。

（7）应该具备反冲系统。

（8）利用传感器更好地瞄准：使用了 μ-雷达、μ-辐射热测定器和声波阵列。

（9）远程和无人驾驶制导传感器及无线通信。

（10）具有发射能力的遥控机器人系统。

纳米技术是一项非常重要的技术，能减少高冲击武器系统和非致命性高能 μ-激光、微波、RF 或声波发射武器的体积和质量，让目标群体在一段时间内无法行动。同时，纳米技术也用于高冲击炮弹和高能纳米复合材料制造。

无人武器机器人（TALON™ 机器人）是一种强大的工具，具有耐久、轻便、远程控制和跟踪等特点。即使距离危险点 1km，操作者也能进行控制。无论是白天还是黑夜，不论怎样的天气条件和地形类型，TALON™ 机器人都能执行侦测、通信、传感、安全、国防和救援等任务。据美国陆军新闻服务处称，自 2000 年开始，TALON™ 机器人就持续、积极地服务于军事任务，还曾经成功参与波斯尼亚安全任务和现场手榴弹处理。

5.4　武器纳米材料的合成

一般来说，HEM 纳米粒子的合成要用到微米级纳米粒子，再采取研磨、湿喷碾碎、结晶、液氮喷雾冷冻、喷雾干燥、溶胶-凝胶和超临界流体技术等过程。诸如研磨等物理过程在批量生产中存在一定挑战，不好控制粒子大小、粒子分布和批量生产中的安全。而结晶过程中，结核较慢，会产生无应力结晶，却能方便控制结构和形状。不同炸药和推进剂的合成方法不尽相同[17]，以下列举了其中一些方法。

（1）超临界流体技术。该技术用于纳米级 RDX 的合成过程。

（2）纳米 RDX 生产中使用表面活性剂。Luo 等[18]尝试使用此技术，采用细菌纤维素和明胶作为基底，丙酮作为溶液。在此基础上，他们加入表面活性剂，以期提升生产物性能。其中，表面活性剂选用的是十二烷基苯磺酸钠（SDBS）和烷基酚聚氧乙烯醚类（OP）。添加表面活性剂后，制备膜中纳米 RDX（30~60nm）含量从 75%增加到 84%。

（3）喷雾冷冻成液体（SFL）。该技术通过将 NTO 喷入液氮中用来合成 70~90nm 的 NTO 炸药（3-硝基-1，2，4-三唑-5-酮）[19]。

（4）沉积法。Yongxu 等[20]研发出室温沉积制取网状结构 HMX 的简单方法，让 HMX 溶解于丙酮，再投入有机非溶剂室温沉积，得到 50nm 左右的纳米粒子。与传统 HMX 相比，这些纳米粒子冲击敏感性不强，这表明得到的纳米粒子可能达不到理想效果。后来，Bayat 等[21]用非溶剂冷正己烷来沉积，控制了 HMX 亚微型粒子大小，经过过滤和干燥，最后得到 300nm 宽、1~2μm 长的结晶。

（5）结晶法。很多高能材料都用这种方法，如 TATB（1，3，5-三氨基-2，4，6-三硝基甲苯）结晶，就是使用溶剂/浓硫酸的非溶剂结晶形成，最后得到的纳米粒子大小在 27~41nm。

（6）浸蘸笔加工刻蚀。该技术曾用于尝试制取 HMX 和另一种高能材料季戊四醇四硝酸酯（PETN）。

（7）旋转镀膜法。该技术是在切割云母基底上，让 PETN 或 HMX 溶解于丙酮，再镀上连续的纳米级膜，最终 PETN 或 HMX 形成在云母基底上。用该方法也可以让 HMX 形成在硅基底上[22]。

（8）喷雾法。该技术适用于合成 K-6，或称为 Keto-RDX（1，3，5-三硝基-六氢化-1，3，5-三嗪-2-酮），这是一种高密度的高能材料，并且生成的热量合适。K-6 溶解于丙酮后，室温喷淋到搅拌水上，得到高表面质量的纳米级 K-6，且敏感性不高。

（9）溶胶-凝胶法。该技术用于合成纳米热剂。把细粒铝和金属氧化物（铁氧化物、钼氧化物或铜氧化物等）用溶胶-凝胶法混合以制取纳米热剂。首先把反应物加入液体溶剂中得到"溶胶"，再把一种凝胶剂加到溶胶中，这就是"溶胶-凝胶"，最后干燥后获得纳米多孔反应材料。与大的热剂混合物相比，其表面积较大，能量释放率较高，因此溶胶-凝胶纳米热剂也被称为超级热剂、能量纳米复合材料、亚稳态分子间复合材料。此外，溶胶-凝胶法也用于制备 RDX。而如果用细菌纤维素和明胶作基底，丙酮作溶剂，还能用来合成 30~40nm 大小的 RDX[23]。

合成过程中，大部分铝氧化物和其他金属氧化物（如铁、锰、铜、钼、铋、钨等）也可以用来作氧化剂。并且，铝氧化物还可以作为燃料。另外，添加氧化剂可以减小粒子大小，增加粒子相互接触反应概率，从而提高燃烧速率。

5.5 武器中使用的纳米材料的特征

纳米级材料不仅要关注其爆炸或推进特性，还要考虑它们的其他性能，以纳米 K-6 炸药为例，虽然我们知道纳米级材料具有高表面质量，因此反应性较高，但是纳米 K-6 却和微米级 K-6 相比敏感性较弱。同样地，X 光线衍射角度上，两种粒子也基本相同。可如果进一步缩小纳米粒子大小，强度峰值也会相应减小，摩擦感度也会减弱。并且，两种粒子热重分析（TGA）和差示扫描量热法（DSC）结果相同，但纳米 K-6 的热稳定性更差[24]。Mang 和 Hjelm[25] 运用了多种方法，包括扫描电镜（SEM）、场发射扫描电子显微镜（FESEM）、透射电子显微镜（TEM）、原子力显微镜（AFM）、X 射线衍射（XRD）以及小角度扫描（SAS）等。针对粒子大小、形状与分布的形态分析，他们采用了 SEM 和 TEM 的方法；重结晶粒子和熔点，则是用到 FESEM、XRD 和高效液相色谱法（HPLC）；用热悬臂加强 AFM，帮助热力学数据读取、记录，控制散装材料性能，如硬度、弹性模量、纳米级别断裂强度等；用比表面积（BET）方法测量表面积；用 SAS 区分凝聚粒子和原始粒子，辨别原始粒子的形态和粒子大小分布，还能用来观察爆炸物的爆燃过程、固相转变过程以及纳米级行为；使用氦比重瓶法来测定粒子化学性。

5.6 纳米武器和弹药中的纳米材料

用于制造高效、高性能炮弹和导弹的纳米材料，一般看重的是其穿透力、质地轻、爆炸力提升的性能，同时，纳米技术也广泛用于制造内置传感器和传感器能源供应装置。

5.6.1 超强穿透材料

贫化铀（DU 或者 U-235）合金用来制造穿甲导弹，但略带辐射性和毒性，在高剂量下会引起健康危害，因此人们正研究用纳米材料替代 DU，如纳米结晶钨。

5.6.2 纳米结晶钨

一种用纳米结晶钨增强的金属玻璃基底在纳米尺度上表现要比贫化铀好（美国能源部 Ames 实验室），而且纳米结晶钨环保，对人体无害。其他贫化铀替代材料还包括纳米结晶钽，其密度高、延展性好，弹道领域应用前景广阔。同时，纳米结晶状态下，钽不会发生硬变，动态成形性和加工性较好[26]。

5.6.3 液态金属

液态金属是熔点较低的金属合金，室温下呈现为液态。液态金属包括水银、镓、溴、铯、铷等。液态非晶金属合金，如锆合金和钛合金，表现出非常高的屈服强度，是常规钛合金强度的 2 倍以上。用液态金属和纳米晶体粒子可以制造高穿透材料，其硬度高、屈服强度好、强度/重量比优异、弹性极限更高、耐腐蚀性和耐磨损性强，以及独特的声特性。

5.6.4 高能激光武器

装甲车搭载高能激光武器即将投入战场[27]。波音公司正运用激光制造光学武器，以跟踪、聚焦致命激光能量，投射到火箭、炮弹和迫击炮上。目前，激光已用于射击真实目标。

量子点有望成为电信应用中的高效光源、激光源和探测器。

5.7 纳米武器

Bonadies[28]将纳米武器定义为"纳米武器可能是结合了多种技术和材料来制造出极小的（1nm 是十亿分之一米，或 10^{-9}m）机械设备或无机纳米材料或生物材料，可以导致潜在危害或者改变一系列不同的生物或非生物系统"[28]。

现在看来，Bonadies 定义的纳米武器可能只会出现在科幻小说或幻想中，但以纳米技术高速发展速率估计，在不久的将来，它就会成为现实。在传感器能力和无线通信的支持下使用远程武器的想法也在酝酿之中。它将使武器的远程操作能够利用以前的冲击反馈，并可以自适应瞄准。

人们发现纳米金属（如纳米铝）可以制造袖珍强力炸弹，其载有的超高化学爆炸物的威力远高于传统炸弹。但就目前现状而言，纳米武器仍处于研发阶段，如先进武器中的纳米工程高爆炸物就是采用了极度精准的纳米工程组件。纳米技术可以满足人们对更好的材料需求，并具有极好性能表征。人们正设想纳米材料和聚合物结合来制造以下产品：

（1）轻质枪支、步枪、自动射击系统。用于手枪的高功率激光也在考虑之中。

（2）通过枪支个人数字助手（PDA）上的微红外（IR）摄像头实现对枪支和子弹定位/识别的无线电射频识别（RFID）标签。

（3）目标定位/识别，微型雷达、无线电频率（RF）射线、穿墙 THz 雷达。这种枪配备一个非机械扳机，可以与士兵的 PDA、手机或智能头盔连接。无线技术的一个示例是伊拉克武装分子使用全球移动通信系统（GSM）投放炸药。

（4）远程武器，如无线连接到 PDA 和智能头盔，可以远程扣动枪支扳机。枪支搭载的是非力学性扳机，可以与士兵的 PDA、手机或智能头盔无线连接。

（5）各种类型弹药，如异形陶瓷材料、软子弹、高穿透子弹、传感器模型/智能微尘、定制化非敏炸药以及有限的附带损伤。

5.7.1 纳米武器类别

可以把纳米武器分为生物、化学、机械与分子组装武器。其中，生物和化学武器将在第 6 章介绍，而本节会重点讨论机械和分子组装武器。实际上，纳米武器的制造非常简便。

纳米武器制造后，主要会便利与提升配送机制。配送模式既需要太空与空中配送，也需要地面配送。因此，配送系统要综合考量有效载荷、定位方法、配送模式和制造手段等。

5.7.1.1 分子组装纳米武器

Roco[29-30]预测分子纳米系统用"多功能分子、催化剂来合成和控制纳米结构工程、亚细胞介入和用于复杂系统动力学与控制的仿生"。分子纳米系统具有很多性能，如机械运作、独立发电、信息处理和传递，甚至在生命系统层面上的应用前景也非常广阔。举例来说：分子纳米系统可以转化有害物质，并将一定量氧气混合到土壤中；注射纳米设备到人体中，可以修复破损细胞的DNA；通过读取操作员的脑电波，可以监测重要条件，并发送信息到计算机终端等。这将需要设计智能分子和原子设备，从而带来人们对所有自然和人造事物的基本组成部分有一个前所未有的理解和控制。Roco 的愿景涵盖了一系列全新研究领域，包括光和物质之间的相互作用、人机界面和通过原子操控来进行分子设计等。

分子组装纳米武器的基础是分子纳米技术（MNT）。通过 MNT 用机械合成的方式将纳米尺寸的结构构建到复杂的原子规格。这种方法与纳米级材料不同。根据 Richard Feynman 的设想，微型工厂使用纳米机器生产复杂产品（包括额外纳米机器），这种先进的纳米技术（或分子制造）将利用由分子机器系统引导的位置控制机械合成。MNT 结合了生物物理学、化学、其他纳米技术、生命分子机械的物理原理以及现代宏观工厂的系统工程原理。Eric Drexler 曾说："从分子层面上，每秒运行一百万步的机器和计算机速度的机械系统都是合理的。"

Frietas 曾设想运用 MNT 技术，把高碳钻石类材料、富铝蓝宝石纳米粒子（Al_2O_3）、富硼（BN）或富钛材料生产为各种纳米机器。他还提出，碳基生物量可以用作纳米机器复制的能量来源[31]。

通过组装分子来制造纳米武器，可以将其设计成特洛伊木马，用于输送或注射致命毒素，这些超破坏性的化学物质在毫微克水平上是致命的。在一次行动中，一个这样装置的小包装可以携带数十亿这样的武器，以摧毁数十亿人口和其他生物，包括农作物等。

5.7.1.2 迷你核弹和类蚊机器人武器

一些国家正在考虑在未来战场中使用迷你核弹和类蚊机器人武器，这种纳米武器可以用来投射迷你核弹和类虫型致命机器人。类虫型纳米机器人可作为一种大规模杀伤性武器，也可以通过编程让它们执行多种任务，如往人体注射毒素或污染水源。它们还可以像纳米无人机一样，针对特定目标群体或个人，飞进房间并往食品里下毒。

由于大部分纳米武器研究是由军队或国防实验室开展，因此大部分研究进展信息高度保密。但有报道称，一种苍蝇大小、有着微小机器人腿的新型无人机已经研发成功，它能躲避侦察，潜入建筑物，并开展相应任务[32]。

未来另一项可怕的纳米武器是纳米机器人携带的微型炸药，这可能是带有可吸入的致残化学物质或毒素的生物武器。最终，这些自主机器人可能还会自我复制。

5.7.1.3 隐身纳米针式子弹

虽然隐身子弹或针式子弹当前来说仍是天马行空，但不久的将来就会成为现实。这种大规模杀伤性未来武器可以从遥远的距离发射，让目标无法行动。同样，分子制成的纳米粉尘可以作为潜入器，影响人体大脑正常功能，即通过神经元控制受害者大脑，甚至攻击大脑特定目标区域，实现"纳米记忆篡改"，修改或抹去受害者记忆[33]。

人类肉眼看不到的纳米针是一种非致命性武器，它能从较远的距离发射子弹团，把人"钉"在墙上或让他们无法行动，而不会留下可见伤口或造成永久性创伤。人们希望纳米技术方法能提升精准度以造成较少的生命损失。

5.7.1.4 非核炸弹

正如俄罗斯电视台报道，俄罗斯已经研制出世界上最强大的非核空投炸弹。俄罗斯将其命名为"炸弹之父"，并宣称其破坏力是美国非核武器"炸弹之母"的4倍。这种炸弹不会释放辐射，因此不会威胁环境安全。"炸弹之父"内载炸药（7t，等同于44t常规炸药）比"炸弹之母"（8t，等同于11t TNT炸药）少，但是"炸弹之父"使用了纳米技术制造的新型高效能炸药（具体炸药类型并未说明）。俄国人认为还有一件值得称赞的事情是"炸弹之父"的爆炸半径（300m）是"炸弹之母"的2倍。前者炸弹爆炸的中心温度也是后者的2倍。

未来武器发展的创新研究中，如高性能非核武器的研发，其中炸药制造使用的是纳米铝粉。以期提升武器杀伤性、微型化尺寸、减少飞机弹药体量，并实现无人飞行器（UAV）的武器化应用。相比传统粉末，纳米粒子表面积更大，同等质量下的反应性更好。同时，纳米粉末的反应速率受体积大小影响，由此，通过控制纳米粒子直径，可以优化空中爆炸、碎片形成和加速。如今，人们正在工业一级探索纳米铝粉和常规弹药配方的结合。

5.7.1.5 纳米武器替代或提升现行核武器

核武器的使用较为复杂，因此核武器不仅需要微型化，还需替代或优化改进。

针对纳米粒子取代自然资源（如金、石油、钻石和其他贵金属）的需求，纳米技术可能用技术方法解决当今无法解决的问题。在纳米技术影响下，世界经济体会转向获取容易获得的自然资源，且以纳米技术为基础的精密技术制造中，大部分资金可以不再投入到战场。我们目前已经成功看到了这种可能性的出现。

5.7.1.6 新型纳米间谍——纳米级战斗机

科学家们正在研究制造仅有几毫米大小的纳米级战斗机，该战斗机能在室内室外自如飞行，并且搭载纳米武器。远程控制的纳米飞行器可以搭载最高自身重量 1/5 的有效载荷，还能收集军事情报，这将有助于保护生命，提升士兵和现场急救人员的运作效能[34-35]。

5.7.1.7 墙角枪

墙角枪是以色列国防军中校 Amos Golan 与美国投资者合作发明的一种武器配件[36]。

墙角枪正如其名，可以在墙角射击，早在 21 世纪初期，已经设计为特警（SWAT）部队使用。枪支带有高分辨率数字摄像头和彩色 LCD 控制器，有视频观察、瞄准、传送功能，并且白天黑夜都能操作。经过不同改良，墙角枪现在可以和不同武器并用，如 40mm 榴弹发射器的手枪，还能用作侦察工具。标准的墙角枪可以加到半自动手枪的前部，连接到尾部的扳机，整体长 820mm，重 3.86kg。纳米技术里，高强度的纳米晶体金属和轻质的纳米复合材料可以进一步减轻武器重量。此外，研究人员也尝试制造 IR 或声狙击射线等纳米传感器系统。

5.7.1.8 激光制导武器

如韩国 XK-11 步枪之类的激光制导目标探测武器，能导引导弹且具备迷你导弹发射装置，可以发射北约标准的 5.56mm 迫击炮弹和 20mm 手榴弹。利用纳米技术可望有助于发展定向扫描雷达阵列系统。此外，鉴于量子点的超高光学效率，量子结构对于加强发射和感应微波辐射等方面也非常重要。由此，可以研制出体积更小、质地更轻的检测设备。

以色列国防承包商拉斐尔先进防卫系统公司（Rafael Advanced Defense Systems）研制出一款高能激光武器系统（强力空气冷却式激光，达到 700W），并将其取名为索尔（Thor）。从性能上，Thor 比简易爆炸装置（IED）、路边炸弹、未爆炸武器（UXO）等其他安全防护距离炸药都好。Thor 兼具两种性能，攻守兼备，利用激光制导能量或炮弹动能，它也能在安全距离移除爆炸障碍物。因为激光是用于点燃 IED，而不是启动它，所以它可以避免其他操作出现的连带损伤。

另一种非常先进的激光操作武器是由劳伦斯利弗莫尔国家实验室开发的

30~100kW 固体热容激光。

固体热容激光是一种致密的激光系统，可以摧毁地雷或 IED，并通过引起地下水微爆炸来挖掘土壤，同时燃烧其他附着物，如帆布或植被。接着光束会聚集到设备上（加热金属容器或击穿塑料容器），最终启动高能量爆炸物。同样，这里也能运用纳米技术中的光量子结构，使未来激光系统更加有效、体积更小、激光设备更轻便，为研制出可移动的 100kW 固体热容激光系统所需的热效果做准备。

据 MSN 新闻报道，2006 年印度已研制出国内首个激光制导炸弹装置，有效射程达到 9km（9800 码）。它是一款可操作的自由降落武器，不需要同飞行器任何电子连接。该装置取名为 Sudarshan，由 Bharat Electronics Limited（BEL）生产。

5.7.1.9　子弹摄像机（TNO 概念）

子弹摄像机是子弹和无人飞行器（UAV）的交叉产品。使用纳米技术微型化后，子弹由两部分构成：①传感器系统（有效载荷）；②由冲击吸收材料制作而成的子弹头，冲击中为有效载荷提供碰撞保护。因此，子弹会成为一个智能控制"点"，并开展侦测和监察任务。用传统武器就可以实现子弹发射。除了摄像头，子弹还可以搭载麦克风、红外或雷达、声波探测器、化学传感器、射频通信接收器、小型电池，当然，还包括炸药。

5.7.1.10　地雷和简易爆炸装置

当处理未爆炸武器时会用到地雷和简易爆炸装置，它们需要能执行检测和曝露（如通过挖掘曝露炸药）的组件，最终使炸药无效。

如在芯片上采用量子结构和阵列技术的纳米技术组件，可以让它们更加小巧、性能更强，还能发射微波检测。

曝露地雷时，量子结构会提供可供远距离使用的更小和更强的激光。

设备销毁时，纳米材料会提升能量，以创造更小但更强和效果更好的爆破能量。

5.8　抵御纳米武器的防卫手段

抵御纳米武器的防卫技术发展方向设想如下[37-38]：

（1）提供封装的主动防卫纳米武器，因此可提供表面黏附保护；

（2）抵御磨损或高温的纳米层级硬屏障；

（3）抵挡冲击的坚固盾牌；

（4）通过避免接触实现被动保护，使用分子级孔洞的筛子以保护穿透；

（5）如用纳米导弹或炮弹射击飞来的迷你-微型-纳米级装置或设备的主动防御系统；

（6）纳米免疫系统和/或抗病毒纳米机器人可以在生物体内释放，触发对攻击纳米机器人的检测，并在生命系统中植入保护性免疫系统纳米机器人[39]；

（7）人体中的纳米机器人可以用来抵抗入侵的危险微生物，发挥守卫作用；

（8）加快信息处理的策略；

（9）战场使用人工系统取代真人；

（10）防御性攻击机制；

（11）最重要的是一项反纳米武器和反环境损耗的政策。

5.9　纳米武器引起的风险

相比核武器，纳米武器会带来更大的风险，因为纳米武器造成的伤害不只是纳米武器使用的战场，也会对身体健康带来影响，还有通过纳米生物科技和纳米计算机实现的指令和控制[40]。伟大的纳米技术科学家 Eric Drexler 曾这样比喻纳米武器的潜在武器，他说："（核）弹可以摧毁所有东西，但纳米机器……可以渗透、侵占、改变、掌管一片领土，甚至是全世界。"

Bostrom[37]也曾预测了蓄意乱用纳米技术的存在性风险（即全球范围内且终极强度的风险），例如"纳米机器人"自我复制，失控地侵占有机生命体，遍布和摧毁土壤。最终，地球上的生命会中毒或烧死，太阳光也可能被遮蔽而无法照到地球上。Frietas[31]分析了 MNT 设备存在的潜在危害，发现纳米设备可能指数型复制，以极高速率扩散、释放能量，造成热污染，带来整个生物圈表面的环境损耗，破坏地表和地面生态。纳米技术会制造用于未来战场的大规模杀伤性武器。其优点是种类繁多、致命性更高、获得方便、成本低廉且隐藏性好[41]。

5.10　反纳米武器和反环境损耗防御性政策的必要性

从全球来看，各国投入了大量资金到纳米武器研发领域。很多文章和报告都探讨了纳米技术使用的潜在危害。因此，必须慎重考虑反纳米武器和反环境损耗的相关政策，解决这一领域的重重顾虑。纳米武器不像大型核武器的制造工厂体量那样巨大，纳米武器的生产设备较小，很难发现，并且纳米武器不需要核武器使用的稀有同位素，如铀、钚等。

Frietas[31]提出了三种具体政策通过环境损耗纳米技术用于保护全球环境生态：①立即中止所有人工生命试验；②通过地球同步卫星，持续全面地红外侦测，掌握现有生物存量，监测迅速增长的人工热点区域；③努力研发，来抵抗环境损耗复制体，包括多种模拟手段建立灾难模型和风险分析，对策/抵抗对策分析，高速侦察和响应的全球监测系统理论与设计，敌我识别（IFF）协议，并最终设计相关的系统防御能力和基础设施。

除上述以外，也有必要限制纳米武器测试。

5.11　小　结

本章讨论了纳米级尺寸材料和高能材料（即推进剂、炸药、烟火药等）中的纳米复合材料，也谈到了多种不同合成方法和相应特征，还说明了不同试验纳米材料 AP、Al、RDX、HMX、HNF、CL-20 和金属氧化物的作用，以及在制取 HEM 中的使用。同时也了解到，生产不同纳米武器和纳米武器相关的支持系统，取决于它们的性能需求（如燃烧率、传播速率、引燃时间、火焰温度、封闭容器内的峰压、爆震压力等）。最后，用 Lewis Carroll 的名言结束本章，"想象力是战争中对抗现实的唯一武器"。

参考文献

[1] Drexler, K. E., Engines of Creation: *The Coming Era of Nanotechnology*, Anchor Press/Doubleday, New York, NY, 1986.

[2] Navrozov, L., "Future Wars Will Be Waged With Nano-Weapons", newsmax. com, September 5, 2008. http://www. newsmax. com/navrozov/drexler_nanotechnology/2008/09/05/128018. html.

[3] Kapoor, I. P. S., Shrivastava, P., Singh, G., *Propell. Explos Pyrotech*, 34, 4, 351–356, 2009.

[4] Gromov, A., Strokova, Y., Kabardin, A., Vorozhtsov, A., Taipei, U., *Propell. Explos Pyrotech*, 31, 6, 452–455, 2009.

[5] Pivkins, A., Frolov, Y., Evanov, D., Meerov, D., Monogarov, K., Nikolaskya, A., Mudestova, S., Plasma synthesized nano-aluminum powder: Thermal properties and burning with ammonium perchlorate. *Proceedings of 33rd International Pyrotechnics Seminar*, Fort Collins, Colorado, July 16–21, pp. 141–151, 2006.

[6] Huang, H., Wang, J., Xu, W., Xie, R., *Propell. Explos. Pyrotech.*, 34, 1, 78–83, 2009.

[7] Jones, D. E. G., Turcotte, R., Fouchard, R. C., Kwok, Q. S. M., Vacon, M., 34th *International Annual Conference of ICT*, Karlsruhe, Federal Republic of Germany, June 24 to 27, pp. 33–1 to 33–15, 2003.

[8] Jones, D. E. G., Turcotte, R., Kwok, Q. S. M., Vacon, M., Turcotte, A. M., Abdal-Qadar, Z.,

Propell. Explos. Pyrotech. , 29, 30, 120−131, 2003.

[9] Breussau, P. and Anderson, C. J. , *Propell. Explos. Pyrotech.* , 27, 5, 300−305, 2002.

[10] Tappan, B. C. and Brill, T. B. , Cryogel synthesis of nano stabilized CL-20, coated with cured nitrocellulose. 34th *International Annual Conference of ICTKarlsruhe, Federal Republic of Germany*, June 24−27, pp. 29−1 to 29−10, 2003.

[11] Gagulya, M. F. , Makhov, M. N. , Dolgoborodov, A. Y. , Brazhnikov, M. A. , Leipunsky, I. O. , Jigatch, A. N. , Kuskov, M. L. , Laritchev, M. N. , Aluminium nano composites based on HMX. 34th *International Annual Conference of ICTKarlsruhe, Federal Republic of Germany*, June 24 to June 27, pp. 66−1 to 65−11, 2003.

[12] Kanel, G. I. , Utkin, K. V. , Razoneronv, S. V. , *Cent. Eur. J. Energ. Mat.* , 6, 1, 15−30, 2009.

[13] Stamatis, D. , Jiang, X. , Beloni, G. , Dreizin, E. L. , *Propell. Explos. Pyrotech.* , 35, 3, 260 −267, 2010.

[14] Kosanke, B. J. , Jennings-White, C. , Kosanke, K. L. , Pyrotechnic reference series No. 4. *Journal of Pyrotechnics* Inc , Whitewater, CO, USA.

[15] Barbee, T. W. , Gasj, A. E. , Satcher, J. H. , Jr. , Simpson, R. L. , Nanotechnology based environmentally robust primer. 34th *International Annual Conference of ICT*, Karlsruhe, Federal Republic of Germany, June 24−27, pp. 31−1 to 31−13, 2003.

[16] Appleyerol, F. G. and Nigel, D. , Modelling infrared extinction of highly conducting micro and nano scale fibers. *Proceedings of* 31*st International Pyrotechnics Seminar*, Fort Collins, Colorado, July 11−16, pp. 273−274, 2004.

[17] Shekhar, H. , Nano sized ingredients of propellants, explosives and pyrotechnics, in: *Nanotechnology Vol. 5: Defence Applications*, N. K. Navani, S. Sinha, ED Exec, J. N. Govil (Eds.), Studium Press LLC, USA, 2013.

[18] Luo, Q. , Long, X. , Pei, C. , Nie, F. , Ma, Y. , J. *Ener. Mater.* , 20, 2, 150−161, 2011.

[19] Yang, G. , Nie, F. , Huang, M. , Zhao, L. , Pang, W. , J. *Ener. Mater.* , 29, 4, 281−291, 2006.

[20] Yongxu, Z. , Dabin, L. , Chunxu, L. , *Propell. Explos Pyrotech*, 30, 6, 438−431, 2005.

[21] Bayat, Y. , Eghdamtalab, M. , Zenali, V. , J. *Ener. Mater.* , 28, 4, 273−284, 2010.

[22] Nafday, O. A. , Vaughn, M. W. , Weeks, B. L. , J. *Chem. phys.* , 125, 144703, 2006.

[23] Luo, Q. , Long, X. , Pei, C. , Nie, F. , Ma, Y. , J. *Energetic Mater.* , 29,2, 150−161, 2011.

[24] Shokrolahi, A. , Zali, A. , Mousaviazar, A. , Keshavarz, M. H. , Hajhashemi, H. , J. *Ener. Mater.* , 29, 2, 115−126, 2011.

[25] Mang, J. T. and Hjelm, R. P. , Characterization of components of nano energetic by small angle scattering technique. *Proceedings of* 31st *International Pyrotechnics Seminar*, Fort Collins, Colorado, July 11−16, pp. 299−305, 2004.

[26] Lee, M. , Advanced penetrator materials. *Armaments for the Army Transformation Conference*, NDIA Conference & Exhibition, Parsippany Hilton, Parsippany NJ, June 18−20, 2001.

[27] Perram, G. , Marciniak, M. , Goda, M. , High energy laser weapons: Technology overview. *Proc. SPIE 5414, Laser Technologies for Defense and Security*, September 2004, doi: 10. 1117/12. 544529.

[28] Bonadies, G. , Nano-weapons: Tomorrow's Global Security Threat, November 2008, doi: 10. 13140/RG. 2. 2. 31676. 23684.

［29］ Roco, M. C., *J. Nanopar. Res.*, 7, 6, 707–712, 2004.

［30］ Roco, M. C., *AIChE J.*, 50, 5, 896, 2011.

［31］ Frietas, R. A., Jr., Some Limits to Global Ecophagy by Bivorous Nanoreplicators, with Public Policy Recommendations. 2, 2000. (http://www. rfrietas. com/Nano/Ecophacy. htm).

［32］ Sheftick, G., Army Developing Robotic Insects? Army News Serv., December 2014.

［33］ Bennett-Woods, D., *Nanotechnology: Ethics and Society*, p. 158, CRC Press, Boca Raton, FL, 2008.

［34］ Nanotechnology in the Military. http://uk. gizmodo. com/ 2006/07/21/nano_spy_plane_gets_green_ligh. html.

［35］ http://hsdailywire. com/single. php? id=6234.

［36］ Gibson, K., Bad news for the bad guys: The next best thing to being there! *Guns Mag.*, 2004.

［37］ Bostrom, N., J. *Evol. Technol.*, 9, 1, 1–30, 2002.

［38］ Altmann, J., *Nanotechnology and preventive arms control*, p. 34, University of Dortmund, Germany, 2005, http://www. bundessf tungfriedensforschung,de/pdf-docsberichtaltmann. pdf.

［39］ Frietas, R. A., Jr., *J. Comput. Theor. Nanosci.*, 2, 1–25, 2005.

［40］ Treder M. Nano-Guns, Nano-Germs, and Nano-Steel. A Review of Ultraprecision Engineering and Nanotechnology. *Nanotechnology Perceptions*: 2(1): 25–26, 2006.

［41］ Del Monte, L. A., Nanoweapons: *A Growing Threat to Humanity*, Potomac Books; An Imprint of the University of Nebraska Press, Lincoln, USA, 2017.

第6章
辅助防御生物和化学战的纳米技术

Madhuri Sharon

印度马哈拉施特拉邦，肖拉普尔郡，阿肖克乔克市，W. H. Marg WCAS
纳米技术及生物纳米技术 Walchand 研究中心

问题是，我们要准备好去面对什么程度的疯狂？

Joshua Lederberg
诺贝尔奖获得者

6.1 介　绍

人类的破坏天性是从生存的需要演变而来的。从文明一开始出现，原始人就使用岩石、木材和后来的金属来捕猎食物，并为了生存而杀戮。后来，这种武器的力量转化为越来越大的贪欲，而这一趋势通过各种武器的一系列发展，最终导致了今天的生物战和化学战两种战争形式。

弹射器和攻城机器有了巨大的发展，并且它们现在也被用于生物战和化学战。目前的化学和生物武器经历了不同的发展阶段，例如：①第一次世界大战期间，在伊普尔战役（Battle of Ypres）中使用了氯和光气等气态化学物质；②在第二次世界大战期间，出现了化学神经毒气（塔崩（tabun），一种胆碱酯酶抑制剂）和生物战，如使用炭疽杆菌感染造成炭疽病，使用沙门氏菌污染水源，霍乱弧菌、志贺氏菌和鼠疫杆菌等引起流行病爆发，释放感染鼠疫的跳蚤（日本人用来对付中国人）等；③1970年，越南战争进入了使用致命化学品的新阶段，橙剂（Agent Orange）以及一种损害作物和树木落叶的混合除草剂被用于战争；④在近代，生物技术和遗传工程的知识正被用于推动生物武器的发展，如经过基因设计的危险生物体，这些生物体可产生有害化学品（毒素、毒液、生物调节剂），它们对抗生素、常规疫苗和药品具有抗药性。这类生物体改变了未知的免疫学特征，因此它们无法被诊断，并可能躲过基于抗体的传感器检测。

6.2 什么是生物战？

简单地说，生物战就是使用来自生物的有害物质，如毒素，甚至是细菌、病毒、真菌或有害昆虫等传染性微生物。这些微生物可以杀死包括植物在内的所有生物。用作武器的生物材料称为生物武器、生物制剂，或大规模毁灭性武器。这些生物武器可以杀死整个地区的人口或破坏植被。过去发生过无数次生物战（表6-1）。

表 6-1　过去进行的生物战

时间	使用者	使用的生物制剂	参考文献
公元前 1500~1200 年	亚述人（Assyrians）	用麦角菌（一种有毒的真菌）毒化敌人的水井，引起了一种被称为 Hittite 瘟疫的致命流行病	Trevisanato[1]
公元前 600 年	雅典（Athenian）立法者 Solon	用嚏根草属（Helleborus）植物的根污染了普勒斯忒勒斯（Pleisthenes）河，使其敌人严重腹泻，并导致他们战败	Mayor[2]
公元前 300 年	希腊人（Greeks）	用动物死尸来污染敌人使用的水井	南伊利诺伊大学（Southern Illinois Univ）2012 年报告
公元前 200 年	迦太基（Carthaginian）将军 Maharbal	他在战场上留下大量的葡萄酒，这些酒是用曼陀罗（Mandragora）植物的有毒根处理过的，这种植物会产生麻醉效果。敌人喝了酒就陷入沉睡。迦太基人（Cathaginians）借此机会回来杀了他们	Rothschild[3]
公元前 184 年	汉尼拔（Hannibal）率领的迦太基士兵	在与佩迦摩国王欧门尼斯二世（King Eumenes Ⅱ of Pergamum）的战斗中，将装满毒蛇的陶罐弹射到敌舰甲板上，从而取得了胜利	Rothschild[3]

续表

时间	使用者	使用的生物制剂	参考文献
公元前 6 世纪	亚述人（Assyrians）	用真菌毒害水井，使敌人神志不清	美国生物战发展史
1346 年	蒙古鞑靼人（Mongol Tatars）	蒙古战士（死于瘟疫）的尸体被用来感染和杀死位于克里米亚的卡法城（Crimean City of Kaffa）（今乌克兰费奥多西亚（Feodosia，Ukraine））的人	Wheelis[4]
1763 年	英国陆军	在 1763 年围攻皮特堡（Fort Pitt）时，向俄亥俄州（Ohio）的美洲原住民赠送了携带天花病毒的毯子	Calloway[5]
1789 年	英国海军陆战队	散布天花病毒作为防御新南威尔士（New South Wales）土著部落的手段	Warren[6]
1914-1918 年第一次世界大战	德意志帝国政府	用炭疽菌和鼻疽菌的生物制剂	Baxter 和 Buergenthal[7]
1939-1945 年第二次世界大战	日本帝国陆军 731 部队	用生物武器来对付中国士兵和平民	Hal Gold[8]
1940 年	日本陆军航空队	用装满携带腺鼠疫跳蚤的陶瓷炸弹轰炸宁波	Barenblatt[9]
1952 年肯尼亚茅茅起义（Mau Mau Uprising）	茅茅人（Mau Mau）	用非洲乳灌木植物的有毒乳胶杀死牛	Lockwood[10]
1962-1971 年	美国空军	喷洒了 1100 万加仑除草剂 2，4-D，对越南战士过去藏身的森林树木进行落叶处理	美国对越军事和除草剂计划[11]

　　但是，使用生物武器现在被视为战争罪[12]，并为国际人道主义法所禁止。根据 1972 年《生物武器公约》，建议国际社会应通过《关于禁止发展、生产和储存细菌（生物）及毒素武器和销毁此种武器的公约》。

　　然而，进行生物战的秘密努力确实存在。包括保持生物制剂的活性和毒性，将其运送到交付地点并分散。例如，炭疽孢子可以由飞机使用杀虫剂喷雾器喷洒，也可以像以前那样通过邮件运送。含有微生物的培养管，如沙门氏菌，可以运输并将细菌添加到食物中。生物武器可以用来对付人类、动物甚至植物。这些武器可以用于个人暗杀，也可以用于小规模的有针对性的攻击，甚至可以用于大规模破坏。

6.2.1 生物战的类型

作为一种有效的生物制剂的要求包括发病率高，死亡率高，易于繁殖、传播和扩散，具备低剂量感染性，气溶胶感染性强等。生物制剂的选择要考虑多种因素，包括其环境稳定性、缺乏快速诊断系统、缺乏疫苗、生产的可行性，以及最重要的是可武器化的可能性等。可武器化的可能性是指有可能利用自然形式的微生物或对其进行基因改造，以产生最大的预期作用，如抗生素耐药性、逃避免疫系统的能力、产生微粒气溶胶或通过改变表面蛋白质改变宿主范围，以及增强毒素的产生，从而造成更大的破坏性影响。

下面简要讨论生物战中使用的一些生物材料。

6.2.1.1 细菌

用于武器化的细菌类型如下。

1. 炭疽芽孢杆菌

炭疽芽孢杆菌（图6-1）是革兰氏阳性的杆状微生物（宽1~1.2μm，长3~5μm），能在人和动物中引起炭疽疾病。它的内孢子（图6-2）是散布气溶胶的最佳选择。内孢子只在有氧条件下才会形成。孢子可以在土壤中存活几十年。它们可以通过皮肤、胃肠道和肺部进入，在那里潜伏3~4天；最初它们会引起类似流感的症状，并在3~7天内发展成一种致命的出血性纵隔炎（胸腔中部的组织发炎）。

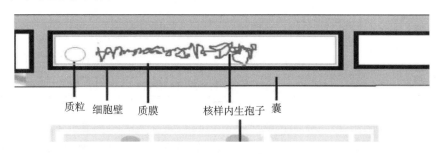

质粒　细胞壁　质膜　　核样内生孢子　囊

图6-1　炭疽芽孢杆菌示意图

这种感染的病死率大于90%。令人欣慰的是，它不是一种可传播的感染，可以通过静脉给予β-内酰胺类抗生素（青霉素、多西环素、四环素和环丙沙星）进行治疗。此外，还有一种炭疽疫苗——吸附炭疽疫苗（AVA），可以防止皮肤炭疽和吸入炭疽。这种疫苗起效的要求是在早期发现疾病。

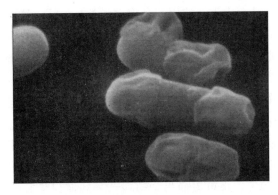

图 6-2　炭疽芽孢杆菌孢子 SEM 图像

有一份利用艾姆斯菌株炭疽芽孢的生物恐怖主义记录。有人于 2002 年 1 月 26 日将这种细菌通过邮递寄给了身处美国的 6 个人,造成 11 人吸入炭疽,其中 5 人因皮肤炭疽死亡。这种细菌在第二次世界大战期间也曾使用过。炭疽是美国、俄罗斯、日本、伊朗、英国等许多国家,以及恐怖团体生物武器计划中的重点。

2. 猪布鲁氏菌

猪布鲁氏菌是一种革兰氏阴性球杆菌。它是一种兼性生物,在吞噬细胞内生长和繁殖。兼性生物利用氧气制造 ATP;当没有 ATP 时,它"行使它的选择权"(该术语的字面意思),通过发酵或将四种效率较低的电子受体中的一种或多种取代为电子传递链末端的氧来制造 ATP:硫酸盐、硝酸盐、硫或富马酸盐。猪布鲁氏菌感染猪,并通过食物供应链感染人类,引起阵发性发热。感染的受孕雌性会发生胎儿流产。一旦感染,复发率很高。除猪布鲁氏菌外,羊布鲁氏菌、牛布鲁氏菌、绵羊布鲁氏菌和犬布鲁氏菌也被认为是潜在的农业、民用和军用生物恐怖主义制剂[13]。羊布鲁氏菌感染山羊和绵羊,牛布鲁氏菌感染牛,猪布鲁氏菌感染猪,但这三种都能感染人。在治疗方面,可以使用链霉素和四环素或利福平的联合用药。美国在 1952 年试验了猪布鲁氏菌作为第一种生物武器。目前还没有用于保护人类的布鲁氏菌疫苗。不过,有几种牲畜用布鲁氏菌活疫苗已经获得了许可。

3. 马尔伯克霍尔德菌与拟马尔伯克霍尔德菌

马尔伯克霍尔德菌与拟马尔伯克霍尔德菌是近缘种。它们是革兰氏阴性、双极性、需氧且非动性的细菌,可以在土壤和水中发现。它们的大小不等,长度为 $1.5 \sim 3.0 \mu m$,直径为 $0.5 \sim 1.0 \mu m$。它是一种专性哺乳动物微生物,从一个宿主传播到另一个宿主。马是这些细菌的首要宿主,但它也会影响骡子、驴、山羊、狗、猫甚至人类。它引起鼻疽病和类鼻疽病，这两种病都是高度传染性疾病。鼻疽病的症状是发烧、发冷、出汗、头痛、肌肉酸痛、胸闷、流鼻涕和光敏感。它被考虑用于生物战，因为只要极少数的锤状芽孢杆菌病菌就足以引发这种疾病。类鼻疽始于胸部感染，其症状发生在接触后 2~4 周，包括发热、头痛、食欲不振（厌食）、咳嗽、呼吸急促、胸膜炎性胸痛、全身肌肉酸痛。在越战期间，许多士兵都发现了这种疾病。为了诊断类鼻疽病，需要进行完整、详细的筛查，即血培养、痰培养、尿培养、咽拭子和任何抽吸脓液的培养。

可用多种消毒剂杀死这种细菌，如苯扎氯铵、碘、氯化汞、高锰酸钾、1%次氯酸钠、乙醇等，也可以通过加热或紫外线照射将其破坏。由于类鼻疽有复发的可能，因此要将类鼻疽的治疗分为两个阶段：静脉高强度阶段和根除阶段，以防止复发。在体外测试中，已经发现阿米卡星、阿莫西林/克拉维酸、碳青霉烯类、头孢他啶、氯霉素、多西环素、哌拉西林、链霉素、四环素和磺胺噻唑对这种细菌有效。

根除治疗阶段采用复方新诺明和多西环素治疗 12~20 周，以降低复发率[14]。到目前为止，还没有研制出针对这种微生物的疫苗。马尔伯克霍尔德菌与拟马尔伯克霍尔德菌由于具有高度传染性，已被疾病控制和预防中心列为B 类危险生物制剂。它们曾在第一次世界大战中使用过，还出现在美国、俄罗斯和日本的生物战计划中。有一份报告说，在阿富汗战争期间，它们曾被用来对付圣战者[15]。

4. 鹦鹉热衣原体

鹦鹉热衣原体是一种革兰氏阴性专性胞内球形非动性细菌（图 6-3）。其

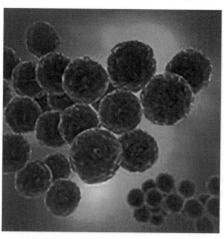

图 6-3　鹦鹉热衣原体

大小为0.2~1.5μm，细胞壁缺乏肽聚糖，而具有含有脂多糖的外膜和细胞质膜双层结构[16]。在人类身上，它会引起鹦鹉热。

其主要宿主为野禽和家禽，但是它也感染牛、猪、羊和马。在哺乳动物中，它引起地方性的禽衣原体病和流行病的爆发；在人类和鸟类中，它会引起呼吸道鹦鹉热，进而发展成致命的肺炎。鹦鹉热衣原体通过吸入、接触或食入传播。鸟类是衣原体感染的媒介。鹦鹉热衣原体有8个不同的血清型。鹦鹉热螺球状基元体吸入人体后，可通过吞噬或受体介导的内吞作用穿透人肺细胞。一旦进入细胞内，它就会扩大并变成网状，在那里它复制成许多球形的基本体，然后通过破裂细胞并进入其他宿主细胞进一步增殖而释放[17-18]。因此，通过利用受感染细胞的能量，它的繁殖速度非常快。鹦鹉热杆菌在人类中传播的来源通常是来自喙、眼睛、粪便和尿液等排泄物，这些排泄物会污染受感染鸟类的羽毛。感染者表现出肺炎和/或伤寒样症状。静脉注射或者口服盐酸四环素或多西环素[19]可用于治疗成人鹦鹉热，而小于8岁的儿童则用红霉素治疗。鹦鹉热还没有人用疫苗。如果没有得到治疗，鹦鹉热的死亡率为15%~20%。

在1920-1929年，一批来自阿根廷的亚马逊鹦鹉被运往世界各地，同时C型鹦鹉热爆发，并成为一种流行病。因此，鹦鹉热被认为可能是一种生物战的威胁手段。由于这种流行病，许多国家禁止进口禽类。鹦鹉热被列为B类生物武器制剂，可能是一种使人丧失正常能力的制剂。

5. 柯氏杆菌

柯氏杆菌是一种革兰氏阴性细胞内专性致病菌（图6-4）。柯氏杆菌能在高温、高渗透压、紫外线和标准消毒剂下存活。

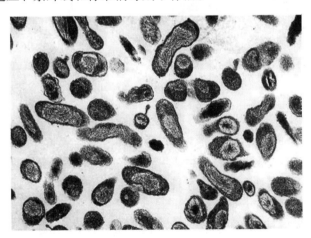

图6-4　柯氏杆菌

受感染的牛、山羊和绵羊是这种细菌的携带者。一旦吸入，会引起人类 Q 热。其潜伏期为 9~40 天。Q 热的症状与流感相似，会引起突然发烧、不适、大量出汗、严重头痛、肌肉疼痛、关节疼痛、食欲不振、上呼吸道问题、干咳、胸膜炎疼痛、发冷、精神错乱，以及胃肠道问题，如恶心、呕吐和腹泻。它可以发展到引起急性呼吸窘迫综合征，这可能是致命的。适合 Q 热治疗的抗生素为四环素、多西环素、氯霉素、环丙沙星、氧氟沙星、羟氯喹或红霉素和利福平的联合。Q-VAX 疫苗（CSL）是一种有效的 Q 热预防手段。

柯氏杆菌在 20 世纪 50 年代被开发为一种可供使用的生物武器[20]，并在志愿者身上以及在沙漠条件下进行了试验。柯氏杆菌是已被标准化为生物武器的七种物剂之一[21]。它目前被 CDC 列为 B 类生物恐怖主义剂[22]，因为它具有很强的传染性，在较大温度范围内的气溶胶中非常稳定，可在表面存活长达 60 天，其 ID_{50}（感染 50% 的个体所需的杆菌数）被认为是 1，是已知最低的。

6. 大肠杆菌 O157：H7

大肠杆菌（E. coli）是革兰氏阴性兼性厌氧杆状大肠菌状鞭毛虫，是有周毛、能动、非产孢的细菌，长约 $2.0\mu m$，直径 $0.25~1.0\mu m$（图 6-5）。大肠杆菌是肠道中一种常见的菌群，有助于产生维他命 K。然而，在温血动物的肠道下部存在致病血清型的大肠杆菌会导致严重的食物中毒，在这一部位大肠杆菌在有氧条件下在新鲜粪便中可以生长 3 天，但其数量随后缓慢下降。随着粪便出来的细胞可以在外面存活一定时间。传播途径为粪口途径。

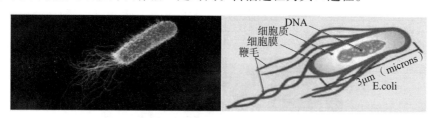

图 6-5　大肠杆菌 SEM 图像和示意图

大肠杆菌 O157：H7 是产生志贺毒素的大肠杆菌中的一种血清型，通过食用受污染的和生的食物，包括生牛奶，可导致"结肠大肠杆菌病"。这会导致出血性腹泻、腹部绞痛、发烧，在某些情况下还会导致肾衰竭。对于免疫系统弱的人来说，这种感染会引起溶血性尿毒症综合征（HUS），在这种情况下，红细胞会被破坏，肾脏会衰竭。

使用粪便培养可以诊断感染。为防止发生死亡，推荐进行补液、血压支持和抗志贺毒素抗体治疗。

大肠杆菌的可变性让它成为一种潜在的致命生物武器制剂。在 20 世纪 80

年代美国科学家进行的一项试验中，一种在炭疽中产生致命蛋白的基因被插入无害的大肠杆菌中，这些大肠杆菌成功地产生了与炭疽相同的致命蛋白。伊拉克的生物武器计划也表现出了对改造的大肠杆菌作为生物制剂的可能性的兴趣，据报道，这种大肠杆菌是从美国运往伊拉克的。

7. 图拉弗朗西斯菌

图拉弗朗西斯菌是一种革兰氏阴性杆状球杆菌，是一种大小约 $0.2\mu m \times 0.7\mu m$ 的需氧细菌。它是一种不形成孢子、非动性、敏感、兼性的胞内致病菌。它在鸟类、爬行动物、鱼类、无脊椎动物和哺乳动物（包括人类）中都能被发现。它可以通过血液或呼吸系统进入。食用受污染的食物、通过苍蝇叮咬和眼结膜感染都可能引起这种细菌感染。图拉弗朗西斯菌的变体能引起致命肺炎。首先它被吞噬作用吸收到吞噬体中，在那里繁殖；然后吞噬体爆裂，释放到胞浆中，从而感染其他细胞，引起细胞凋亡。但目前尚未发现人传人的报道。用于治疗图拉弗朗西斯菌血症的抗生素是氨基糖苷类、四环素或氟喹诺酮类。人们目前正在研究一种针对这一细菌的疫苗。这种细菌能在动物尸体、土壤和水中低温下存活数周。图拉弗朗西斯菌可导致死亡，是具有高度传染性的细菌。

由于其感染性剂量低（吸入 10 个菌株即可致病）、易于通过气溶胶传播和高毒力的特点，图拉弗朗西斯菌被美国政府列为第 1 级生物恐怖主义制剂。过去，许多国家将这种细菌研制成气溶胶播散的生物武器。1970 年，世界卫生组织（WHO）的一个专家委员会报告说，如果 50kg（110 磅）的有毒图拉弗朗西斯菌以气溶胶的形式散布在一个有 500 万人口的大都市地区，估计将造成 25 万人丧失工作能力，其中会有 19000 人死亡。

8. 普罗瓦泽克立克次杆菌和立氏立克杆菌

普罗瓦泽克立克次杆菌是一种小的革兰氏阴性专性胞内杆状细菌（图 6-6）。普罗瓦泽克立克次杆菌在感染宿主细胞的细胞质内自由生长，并感染人的内皮细胞。普罗瓦泽克立克次杆菌引起流行性斑疹伤寒，它是通过体虱（peticulus humanus corporis）的粪便进行传播的，体虱以原发流行性斑疹伤寒患者的血液为食。当宿主抓伤伤口时，感染普罗瓦泽克立克次杆菌的粪便污染伤口。密切的个人接触或共用衣服会使虱子在人与人之间传播。多西环素或氯霉素是普罗瓦泽克立克次杆菌的治疗剂。

立氏立克杆菌在杀死宿主细胞后迅速死亡，而普罗瓦泽克立克次杆菌在干燥的虱子粪便中能保持较高的气溶胶感染性和活力，在高渗浓度的培养基中干燥后仍保持较高的感染性。因此，它被武器化，并成为生物恐怖主义制剂。在已经命名的 17 种可引起人类疾病的立克次氏体科生物中，有 5 种是能带来致命后果的重大威胁，即立氏立克杆菌、普罗瓦泽克立克次杆菌、东方恙虫杆菌、伤寒立克次杆菌和康氏立克次杆菌。

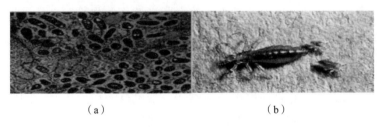

（a）　　　　　　　　　　　　　　（b）

图 6-6　（a）普罗瓦泽克立克次杆菌和（b）成年雌性体虱
及 2 只幼虫的透射电子显微镜图像

它们具有低剂量的传染性。因此，它们可能被恐怖分子利用。流行性虱传斑疹伤寒需要一种疫苗来控制大规模流行。

9. 沙门氏菌属

沙门氏菌属为杆状革兰氏阴性不形成芽孢动性肠杆菌，直径 $0.7 \sim 1.5 \mu m$，长 $2 \sim 5 \mu m$，胞体周围有鞭毛。它们是趋化性兼性厌氧性的胞内致病菌。在2500 个细菌菌株中，超过 1400 个血清型是邦戈里沙门氏菌的致病菌株。世界卫生组织将沙门氏菌分为三类，即伤寒沙门氏菌、非伤寒沙门氏菌和动物沙门氏菌。$0 \sim 4 ℃$ 的低温抑制沙门氏菌的生长，但不会杀死它们，而 $60 ℃$ 的高温则使细菌失去活性。它们通常会感染胃肠道，引起食物中毒。如果它们侵入血流，有些菌株是侵入性的，并导致伤寒，这需要抗生素治疗。侵入血流后，它们在全身扩散，并分泌一种脓毒症形式的内毒素，引起致命的低血容量休克和脓毒症休克。

在美国疾病控制与预防中心（CDC）2006 年的一份报告中指出，仅在美国，与沙门氏菌相关的感染每年就造成约 140 万食源性疾病病例和约 500 人死亡。它被认为是一种潜在的生物制剂，因为它可以很容易地作为气溶胶污染食物和水，从而被武器化。

法国在第一次世界大战和第二次世界大战期间的生物武器计划、日本臭名昭著的 731 部队和南非项目海岸计划都研究了沙门氏菌作为生物武器制剂的潜在用途。

恐怖组织还发现沙门氏菌可以用作一种容易获得的生物制剂。1984 年 9月，为了试图影响俄勒冈州羚羊市（Antelope，Oregon）的地方选举，怀疑拉杰尼什邪教（Rajneesh）在当地的沙拉台上沾染了肠内沙门氏菌，企图压制投票。

10. 志贺菌属

痢疾志贺菌是一种臭名昭著的食源性致病菌。志贺菌是一种非芽孢形成非动性杆状革兰氏阴性兼性厌氧细菌（图6-7），会增强细胞内病原体。它引起志贺菌病，是一种影响肠道的传染病。

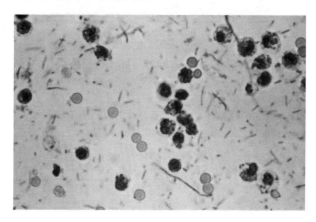

图6-7　痢疾志贺菌

当人们食用被感染的食物时，痢疾志贺菌会通过胃部的酸性介质感染肠道。只要10个痢疾杆菌细胞就足以引起人类感染；其血清群A可引起致命的胃肠炎流行。另外一些种类是一些地区特有的，如鲍氏志贺菌血清群C分布于印度次大陆，福氏志贺菌血清群B分布于发展中国家，宋内志贺菌血清群D分布于发展中国家，福氏志贺菌则分布于世界各地。

它可以通过人与人的接触、食用被苍蝇污染的食物、饮用受污染的水以及在受污染的水中游泳而传播。受感染的人会出现腹泻（通常是带血的）、发烧、胃痉挛、关节疼痛、眼睛发炎、小便疼痛和严重脱水。其潜伏期为1～4天。大多数人在没有抗生素治疗的情况下会从轻度的志贺菌病病例中康复。用于治疗严重感染的抗生素是氨苄西林、甲氧苄氨嘧啶/磺胺甲恶唑、萘啶酸和环丙沙星。志贺菌感染是通过检测粪便来诊断的。

志贺菌一直被用作生物武器，因为它耐抗生素、传染性强，而且没有针对它的疫苗。第二次世界大战期间日本人在我国"东北三省"等地区使用这种细菌。伊拉克还将其开发为可选的进攻性生物制剂，同时恐怖分子也在使用。作为一种生物武器，它可以通过气溶胶、被污染的水或被污染的食物传播。

11. 霍乱弧菌

霍乱弧菌是一种革兰氏阴性逗点状（弯曲杆状）兼性厌氧菌，宽0.5～0.8μm，长 1.4~2.6μm，细胞一端有鞭毛和菌毛（图 6-8）。它是咸水和河口自然植物区系的一部分。

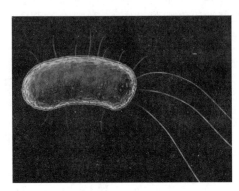

图 6-8　霍乱弧菌的 SEM 图像（图片来源：Getty Images/MedicalRF.com）

它既有变种（同一细菌种的不同菌株，通过一组表型或遗传性状来区分），也有血清型（细胞表面具有不同抗原决定簇的同一种细菌）。霍乱弧菌有 150 多种不同的血清型，其中只有两种引起流行病：①O1 生物型 El Tor N16961；②血清型 0139。它在人类中引起霍乱。除霍乱弧菌外，还有许多其他种类的弧菌与人类健康有关（表 6-2）。

表 6-2　弧菌的不同种类及其在人类中引起的疾病

弧菌属	传染源	疾病
霍乱弧菌	水，食物	Gatro 肠炎
副溶血弧菌	贝类，海水	胃肠炎，菌血症，伤口感染
创伤弧菌	贝类，海水	菌血症，伤口感染，蜂窝组织炎
溶藻弧菌	海水	伤口感染，外耳炎
贝氏弧菌	贝类	胃肠炎，伤口感染，菌血症
河弧菌	海鲜	胃肠炎，伤口感染，菌血症
美人鱼弧菌	海水	伤口感染
梅氏弧菌	未知	菌血症
拟态弧菌	淡水	肠胃炎，伤口感染，菌血症
弗尼斯弧菌	海水	肠胃炎
辛辛那提弧菌	未知	菌血症，脑膜炎
鲨鱼弧菌	海水	伤口感染（鲨鱼咬伤）

霍乱是人类肠道的一种传染病，由摄入被霍乱弧菌污染的食物或水引起。

其潜伏期为 1~3 天。病人患有大量水样腹泻和快速脱水，如果不治疗，会在数小时内导致致命性虚脱。可进行液体和电解质的补水[23-24]治疗（口服或静脉）。治疗的有效药物是多西环素或四环素和疫苗。

霍乱弧菌在受有机物污染的水体或污水中可存活 2~6 周，在土壤中最多可存活 16 天，并能抵抗冰冻温度。然而，它不能在高温、阳光、干燥条件[25-26]和含氯条件[27]下生存。

霍乱弧菌在第二次世界大战期间被日本军队用来污染中国城市的食物和水供应[28]，有研究认为它们还是污染饮用水的恐怖武器[29]。

12. 鼠疫杆菌

鼠疫杆菌是一种革兰氏阴性兼性厌氧非动性杆状球杆菌（图 6-9），并且它不会形成孢子。

它通过老鼠等小型哺乳动物的跳蚤感染人类，并引起鼠疫，是一种通常致命的疾病[30]。鼠疫分为三种主要类型：肺炎型、败血症型和腺型[31]。

鼠疫耶尔森菌可在各种培养基中存活，如在水中可存活 16 天，在潮湿土壤中可存活 60 天以上[25]。而且它还能在干燥的痰液、跳蚤粪便和掩埋的尸体中存活一段时间[26]。它暴露在阳光下和高温下会被杀死。化学灭活鼠疫菌可以使用 1% 次氯酸钠[25] 和 0.25mg/L 二氧化氯[32]。

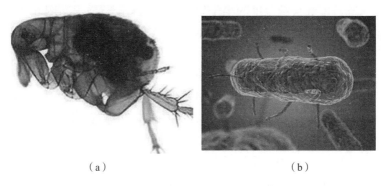

（a）　　　　　　　　　　（b）

图 6-9　（a）感染鼠疫菌的东方鼠蚤（印鼠客蚤），在肠道内
呈黑色团块；（b）鼠疫菌 SEM 图像

历史上记载的一些最具灾难性的瘟疫有：①6 世纪查士丁尼（Justinian）鼠疫；②1347-1353 年在欧洲流行的黑死病，造成 1/3 的人口死亡；③19 世纪末在中国流行的黑死病，由轮船上的老鼠传播，造成大约 100 万人死亡[33-35]。

许多鼠疫杆菌具有高致病性，对抗生素耐药，易于培养。因此，这类细菌成为用于生物恐怖主义目的的严重威胁，特别是耐药菌株[36]。该细菌易于通过含有鼠疫杆菌的气溶胶传播。Jensen 等[24]报告说，鼠疫菌可能以气雾剂的形式被武器化，应被视为一种威胁，特别是因为日本军队在第二次世界大战期间曾使用鼠疫菌培养物污染中国城市的食物和水供应[37]。

6.2.1.2 真菌

真菌可以是致病性的，能直接引起疾病，也可以通过真菌毒素间接引起人类、动物和植物的疾病。因此，真菌被用作对付这三种生物的武器。真菌和真菌毒素可通过吸入、食入、皮肤和黏膜接触等途径进入人和动物体内。

生物战或细菌战使用来自真菌和传染性真菌的生物毒素来杀死人类、动物或植物或者使其丧失能力。一种被称为盖氏隐球菌的真菌会感染免疫力低下的人（如艾滋病或移植病人），这种真菌经过遗传基因改造后也能感染健康人。这已成为一个令人关切的事件，因为如果这一感染未被诊断出来，这种真菌将会进入脊髓液和中枢神经系统，并引起致命的脑膜炎。这样的研究成果推动了利用真菌作为生物剂的想法。这种疾病可以通过空气中的孢子传播。因为它有多种宿主，所以它可用于生物战[38]。

除了球孢子菌属以外，对人类致病的真菌并不在可能对人类发动生物战争和生物恐怖主义的微生物名单中。

球孢子菌属是一种二态子囊真菌，在腐食期以菌丝体形式生长，在沙质、碱性土壤、高盐度和极端温度的半干旱地区形成大量节孢子（图6-10）。两种无性生殖结构是：①在环境中生长并对人/动物具有感染性的节孢子；②在体内生长的带有内孢子的小球。已知的球孢子菌属种类有酯酶球孢子菌、组织球孢子菌、炎症球孢子菌、波沙球孢子菌和玫瑰球孢子菌。

炎症球孢子菌和波沙球孢子菌是引起致命的球孢子菌病（也称为山谷热、圣华金河谷热、沙漠风湿病、波萨达斯-韦尼克病和球孢子肉芽肿）的致病物种，这是一种传染性真菌疾病，是由于吸入在其自然栖息地传播的真菌的孢子而引起的。大约60%球孢子菌感染是无症状的。

然而，在其余患者中，常见的临床综合征是急性呼吸道疾病、发热、咳嗽、胸膜炎疼痛、结节性红斑（皮损），有时在艾滋病和其他免疫功能低下的患者中出现严重且难以治疗的脑膜炎，偶尔还会引起急性呼吸窘迫综合征和致命性多叶性肺炎。受影响的组织可能是皮肤、局部淋巴结、骨骼、关节、内脏器官和睾丸。人类的治疗选择是抗真菌药物或手术切除。除人外，这种感染常见于狗，但在马、猫中较少见，在牛、羊、猪等中罕见。因为没有疫苗，这种真菌在流行地区很难预防。但是，可以使用碘、次氯酸盐/漂白剂、酚、季铵化合物或121℃湿热15min来杀死这些真菌。

在天气波动期间，如潮湿后干燥、有风时期，以及地震和暴风之后，接触

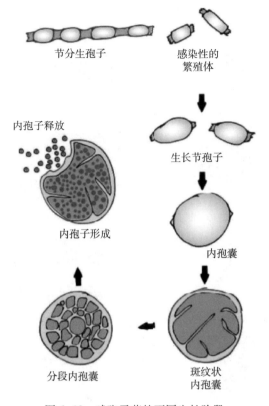

图 6-10　球孢子菌的不同生长阶段

沙尘有感染的风险。尤其面临危险的是农民和建筑工人。人或动物之间的直接传播罕见。通常潜伏期为 1~3 周。然而，病症也可能发生在初次感染后的几个月到几年出现。

日本军方关押在集中营中的第二次世界大战战俘就有这种感染。

6.2.1.3　病毒

病毒被认为处于生物有机体和非生物化学物质之间的灰色地带。有的人认为病毒是一种有机结构，它进入、感染所有形式的生物（即人、动物、植物、微生物和古细菌）并与之相互作用[39]。而许多人则认为它是一种生命形式，因为它拥有通过自然选择进化而来的基因[40]，并通过自我组装创造出多个自己的复制品来繁殖。然而，病毒没有细胞结构或自身新陈代谢，它们依赖宿主细胞制造新产品，不能在宿主细胞外自然繁殖[41]。在受感染的宿主外部，病毒以非常小的独立粒子（称为病毒粒子）存在，病毒粒子具有 DNA 或 RNA，一层称为衣壳的蛋白质外壳和一层围绕衣壳的脂质包膜（来自宿主细胞）。一

109

些潜在的生物战病毒如图 6-11 所示。

卷曲的RNA

蛋白质子单元

烟草花叶病毒图谱

马尔堡病毒（出血性病毒）

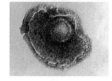

脂质包膜水痘病毒

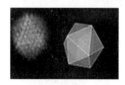

二十面体腺病毒的SEM图像和示意图

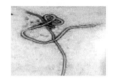

埃博拉病毒（扎伊尔埃博拉病毒）

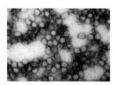

黄热病病毒

天花病毒

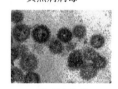

马丘波病毒

图 6-11　一些潜在的生物战病毒

大多数病毒的直径为 20nm 和 300nm，但一些丝状病毒的长度可达 1400nm，直径可达 80nm。病毒粒子的形状包括螺旋形到二十面体、长形或更复杂的形式等。感染细菌的病毒称为噬菌体。病毒分为 7 组：①dsDNA 病毒；②ssDNA 病毒；③dsRNA 病毒；④（+）ssRNA 病毒；⑤（-）ssRNA 病毒；⑥ssRNA-RT 病毒；⑦dsD-NA-RT 病毒。

在动物中，病毒通过以下途径传播：①吸血昆虫（媒介）；②流感病毒通过咳嗽或打喷嚏传播；③诺如病毒和病毒性胃肠炎轮状病毒通过粪便-口腔途径和通过接触在人与人之间传播，通过食物或水进入人体；④艾滋病毒通过性接触和接触受感染的血液传播。植物病毒由植物吸液昆虫（蚜虫）传播。通常病毒感染会刺激宿主的免疫反应（就像疫苗一样），但引起艾滋病和病毒性肝炎的病毒不会。因此，它们导致慢性感染。为了保护人类和动物免受病毒感染，人类已经开发了 13 种疫苗用于小儿麻痹症、麻疹、腮腺炎和风疹等疾病[42]。抗生素对病毒不起作用。对于病毒感染治疗，应使用一些抗病毒药物，例如：

（1）阿昔洛韦治疗疱疹。

（2）阿昔洛韦、伐昔洛韦、泛昔洛韦、利巴韦林联合干扰素治疗带状疱疹。

（3）用于治疗艾滋病的拉米夫定、替诺夫韦（TDF）、拉米夫定（3TC）或恩曲他滨（FTC）和依非韦伦（EFV）。

（4）拉米夫定治疗乙型肝炎。

（5）奥司他韦（达菲）和扎那米韦（瑞乐沙）治疗猪流感（猪流感对金刚烷胺（塞米特雷）和金刚乙胺（氟马定）有抗药性）。

（6）用于肺炎的奥司他韦、扎那米韦或帕拉米韦（拉匹布）。

（7）用于埃博拉病毒的布林西多福韦。

（8）奥司他韦、扎那米韦和帕拉米韦（拉匹布）治疗流感。

气雾化形式的病毒制剂易于分散，这使它们成为一种潜在的生物战材料。在 1763 年的法印战争期间，英国军队曾使用它们对付美洲原住民。苏联政府曾计划使用天花病毒作为生物武器，但由于世界卫生组织广泛的全球免疫计划，天花被根除，因此没有实现。然而，仍有许多通过基因或传统方法改造过的病毒可用作生物武器。

1. 静脉病毒（布尼亚病毒科）——裂谷热病毒

裂谷热（RVF）是由静脉病毒（布尼亚病毒科）引起的，它是一种同时影响人和动物健康的虫媒病毒。这种病毒在病毒核蛋白中具有三段负义单链RNA 基因组，并被含有两种病毒糖蛋白 Gn 和 Gc 的脂质双层所包裹[43]。这种病毒还没有被完全了解[44]。目前还没有有效的疫苗来保护人类和牲畜免受这种病毒的侵害。蚊子（伊蚊、按蚊、库蚊、直纹蚊、曼氏蚊）和沙蝇是通过叮咬将裂谷热病毒（RVFV）传播给动物的媒介。人类通过食用受感染的肉、奶和受感染动物的体液而受到感染。在人类中，裂谷热的症状是突然发作的高热、严重头痛、肌痛、关节痛和畏光。它引起坏死性肝炎，牛、绵羊和山羊流产，并导致幼畜近 100% 的死亡[45]。

由于 RVFV 能够通过气溶胶传播，它也可用作生物战或生物恐怖主义制剂。例如，美国的生物武器计划曾努力将 RVFV 武器化，直到在 1969 年终止该项计划[43]。

2. 埃博拉病毒（扎伊尔埃博拉病毒）

埃博拉病毒在病毒粒子中携带负义 RNA 基因组，病毒粒子呈管状，包含病毒包膜、基质和核衣壳成分。病毒粒子结构的中心是核衣壳，RNA 螺旋缠绕在核衣壳周围。小管直径约80nm，长度800~1000nm，具有病毒编码的糖蛋白（GP）从其脂质双层表面以7~10nm长的尺度形成尖峰状突起。这种病毒粒子通过将GP刺突插入到细胞膜中，诱导细胞膜形成芽，形成病毒外膜[46]，从而进入宿主细胞。

埃博拉病毒是一种致命的病毒，会在人类和其他哺乳动物中引起致命的出血热（严重出血及器官衰竭，并可导致死亡）。它有高达90%的死亡率[26]。蝙蝠是埃博拉病毒的天然宿主[47]。它通过体液在人体内传播[48]。用1%~2%次氯酸钠和/或1%碘，或将病毒暴露在56℃下30min即可灭活这种病毒。合适的抗埃博拉药物包括布林西多福韦、法维拉韦、拉米夫定、三氮唑林、BCX4430、DZNep、FGI-103、FGI-104、FGI-106、JK-05和ZMapp。有效疫苗为cAd3-ZEBOV和rVSV-ZEBOV。

由于其致死率很高，这种病毒可能被武器化用于喷洒气雾剂。

3. 黄病毒科（尤指日本脑炎病毒）

黄病毒科包括三个属：黄病毒（黄热病病毒）、肝病毒（丙型肝炎病毒）和瘟病毒（牛病毒性腹泻病毒）。黄病毒和肝病毒与人类疾病有关，蚊子是其传播媒介。黄病毒科呈球形，直径为40~60nm，且含有由二十面体核衣壳包围的单正链RNA基因组，核衣壳被脂质双层包膜覆盖[49]。与埃博拉病毒一样，这种病毒的包膜也来源于宿主细胞膜。

除日本脑炎病毒（JEV）外，本种还与墨累谷脑炎病毒（MVEV）、圣路易斯脑炎病毒（SLEV）和西尼罗河病毒（WNV）有关。日本脑炎病毒从一种吸过受感染人类血液的蚊子（库蚊属）身上传播，其潜伏期为5~15天。最初的症状是发烧、头痛、恶心、呕吐和嗜睡，最终导致脑炎（由于感染引起的大脑发炎）。在严重感染的情况下，可能会出现永久性的神经或精神损害。应对日本脑炎病毒可以采用福尔马林灭活疫苗和减毒活疫苗，但目前尚未研制出针对黄热病病毒的抗病毒药物。并不排除使用日本脑炎病毒作为生物战剂的可能性。

4. 马丘波病毒

马丘波病毒是玻利维亚特有的一种沙粒病毒，它也称为病毒性出血热（VHF）、玻利维亚出血热（BHF）、南美出血热、黑色斑疹伤寒或狗热。沙粒病毒具有单链双节段的RNA基因组；一个大的（7200nt）和一个小的（3500nt）片段及一个带有8~10nm棒状突起的脂质膜。

马丘波病毒引起出血热。潜伏期7~16天，其症状起病缓慢。最初的症状是发烧、莫名不适、头痛、肌肉疼痛、食欲减退、恶心和呕吐。然后，在第三到第五次脱水之间，出现低血压、小便少和心动过缓，进而导致出血期，从鼻、牙龈、胃和肠开始，严重失血导致低血压休克和神经危机。利巴韦林和免疫血浆治疗适用于马丘波病毒。

Groseth 等在其题为 "（Hemorrhagic Fever Viruses as Biological Weapons）" 文章[50]的结论中写道，"生物攻击除了造成疾病和死亡之外，还会造成一般民众的恐惧，从而造成社会和经济的混乱。由于它们可怕的名声和大众媒体的戏剧化，VHF 制剂是服务于这一目的的极佳选项。鉴于发生生物攻击的可能性，最重要的是提供资源和知识，以安全和及时的方式有效地处理这种情况。"

5. 马尔堡病毒

马尔堡病毒是另一种出血热病毒。这种病毒与埃博拉病毒同属一个家族，其致死率为 50%~88%，极其危险。马尔堡病毒是丝状粒子，其形状可为 "U" 形或 "6" 形，或者螺旋状、环状或分枝状[51]。它们的宽度约为 80nm，但是它们的长度为 795~828nm。马尔堡病毒由基因组 RNA 组成，包裹在核蛋白（NP）聚合物的中心。它们有 7 种结构蛋白，被来自宿主细胞膜的脂质膜包围。膜锚定一种糖蛋白（$GP_{1,2}$），并从膜表面伸出 7~10nm 的尖峰。

果蝠（埃及果蝠）是马尔堡病毒的天然宿主。马尔堡病毒由果蝠传染给人，特别是那些长期接触果蝠栖息的洞穴或矿坑的人。它通过人传人的方式在人类之间传播，其途径是直接接触（通过破损的皮肤或黏膜）感染者的血液、分泌物、器官或其他体液、接触被这些体液污染的表面和材料（如被褥，衣物），以及受感染的精液，治疗需要口服或注射补液。一系列针对这种病毒的血液制品、免疫疗法和药物疗法目前正在开发中。

如果孕妇被感染，它会在她们的母乳和胎儿胎盘中持续存在。

马尔堡病毒（MARV）病的症状在 2~21 天内出现，表现为突发性高烧、严重头痛和不适，肌肉酸痛、水样腹泻、腹痛和抽筋、恶心和呕吐。在 5~7 天内发生多处出血（呕吐物、粪便、鼻子、牙龈和阴道）。患者常表现出 "幽灵般" 的外貌特征，眼睛深陷，面无表情，极度嗜睡。在 1967 年的欧洲暴发中，大多数患者在出现症状后 2~7 天出现无痒皮疹。中枢神经系统（CNS）受到影响，导致精神错乱、易怒和攻击性。在后期，睾丸炎（一个或两个睾丸的炎症）也可能发生，最终导致死亡。在致命病例中，死亡最常发生在症状发作后 8~9 天，通常在此之前出现严重失血和休克。

苏联叛逃者 Steven Alibek 在他的书中写道，马尔堡病毒在冷战期间被列入苏联的生物武器研究计划，这导致一名研究人员丧生。他声称，在哈萨克苏维埃社会主义共和国（今天的哈萨克斯坦）的斯捷普诺戈尔斯克科学实验和生产基地对一种装满 MARV 的武器进行了试验[52]。

6. 天花病毒

大天花是一种引起天花的病毒。天花曾经是一种传染性的、毁容的、经常致命的疾病（死亡率为25%），但现在除了实验室储存之外，天花已经在全球范围内根除（世界上最近一次已知的自然发生病例是1977年在索马里）。然而，出于对生物战的关切，这种病毒不能被忽视，因为它在第二次世界大战期间被日本陆军研究用于武器[26-29]，他们认为这种病毒适合通过受污染的物品进行传播。

天花病毒是一种相当大（300nm×200nm 大小）的矩形砖状病毒，具有来自宿主细胞的包膜。其核心是双链DNA。它被包裹起来，并且具有丝状核衣壳。它通过长时间的人与人的接触，或通过吸入的空气液滴或气溶胶，通过呼吸道黏膜途径传播。其潜伏期为12天。感染后的症状是发冷、发烧、虚弱、头痛、背痛、呕吐以及形成脓包。据报道，天花病毒在疮痂中存活了13年[53]，而且能够抵抗干燥环境[25]。用1%次氯酸钠可以灭活天花病毒。消灭天花的疫苗在大约5年的时间里为人类提供了高水平的保护。没有疫苗，几乎不可能预防感染。这种疫苗含有活病毒。它不含天花，也不会引起天花。

天花在美国的法印战争中被用作生物武器（1754—1767年），当时，英国士兵送给印第安人曾被天花患者使用过的毛毯。而且，如前所述，日本在第二次世界大战中曾考虑将天花用作生物武器。天花病毒目前存在于美国和俄罗斯的两个高度安全的实验室中，这种病毒被评为所有潜在生物武器中最危险的一种。

7. 黄热病病毒

黄热病病毒是黄病毒科的成员。这是已知的第一种由病毒引起的疾病、第一种分离的病毒以及人类发现的第一种以昆虫为媒介的病毒。这种病毒具有11000个核苷酸长的正义单链RNA和单一的多聚蛋白。黄热病是一种出血热，通过被感染的雌蚊（埃及伊蚊）叮咬而传播（图6-12）。这种病毒性发热的症状是发冷、发烧、食欲不振、恶心、头痛、背痛和肌肉痛。症状通常会在5天内改善，但在某些情况下，发烧会继续发展为腹痛和肝脏受损，导致皮肤发黄（因此得名黄热病），从而导致出血风险和肾脏问题。

黄热病可以通过接种疫苗和避免蚊虫叮咬来预防，目前还没有治疗黄热病的药物。然而，医疗治疗侧重于缓解脱水等症状。还有一些药物，如扑热息痛（对乙酰氨基酚）可以用来缓解疼痛。

在撰写有关大规模毁灭性武器的文章时，Dickerson 在其著作"*A Deadly Disease Poised to Kill Again*"中指出，黄热病病毒可以用作生物武器[54]。

图 6-12　埃及伊蚊

（资料来源：James Gathany CDC-PHIL，公共领域，https://commons. wikimedia. Org/w/
index. php? curid=54701000）

8. 委内瑞拉马脑炎病毒、东部马脑炎病毒和西部马脑炎病毒

这些来自披膜病毒科和甲病毒属的病毒有三种不同的种类，每种都引起不同的马脑炎，即委内瑞拉马脑炎病毒（VEEV）、东部马脑炎病毒（EEEV）和西部马脑脊髓炎（WEEV）。顾名思义，它们感染马类物种，如马、驴和斑马，并影响它们的中枢神经系统，导致动物突然死亡。人类也会感染这种疾病。WEE 在人类中并不常见。然而，该病毒可感染婴儿和儿童。

VEEV、EEEV 和 WEEV 都是虫媒病毒（节肢动物传播的病毒），通过蚊子叮咬受感染的动物传播给人类。

VEE 病毒粒子呈球形，直径约 70nm，有一层脂质膜，膜外散布着糖蛋白表面蛋白。围绕核的物质是一个核衣壳，它具有 $T=4$ 的二十面体对称性，直径约为 40nm。

目前还没有治疗 WEE 的药物或疫苗。

冷战期间，美国生物武器计划和苏联生物武器计划都对 VEEV[55] 进行了研究和武器化。根据米德尔伯里学院的一份报告，在美国暂停生物武器计划之前，EEEV 和 WEEV 是美国作为潜在生物武器研究的十几种制剂中的成员。

6.2.1.4　昆虫

昆虫或昆虫战（EW）也被用来攻击敌人。它是生物战的一部分，已经存在了几个世纪，现代也在进行相关研究[68]。日本和其他几个国家已经开发了一种昆虫战项目，并被指责使用了这种项目。在 EW 中，如蜜蜂、黄蜂等昆虫，要么用于直接攻击，要么作为媒介传播生物制剂（如鼠疫）。EW 包括用病原体感染昆虫，然后将昆虫分散到目标区域，攻击人类、动物、农作物、渔业或水生植物。对于农业作物来说，昆虫可能不会感染任何病原体，但仍然会对作物产生威胁，因为它们会以这些农作物为食或在繁殖过程中使用它们。使用的昆虫包括以下几种：

（1）丑角虫破坏卷心菜。它们在美国南北战争期间使用过。

（2）科罗拉多州马铃薯甲虫影响马铃薯。它们对二氯二苯基三氯乙烷（DDT）和其他主要农药类别具有抗药性[56]；它们在第二次世界大战期间被德国人用来摧毁敌人的食物来源[10]。

（3）东方鼠蚤被用作鼠斑疹伤寒和腺鼠疫的媒介，这两种疾病通过它们的卵从一代跳蚤传给下一代[57]。日本在第二次世界大战中用它们对付中国人。

（4）家蝇是多达100种病原体的媒介，可引起霍乱、伤寒、沙门氏菌病、炭疽、肺结核、眼科疾病、细菌性痢疾寄生虫和病毒如脊髓灰质炎、肠道病毒和病毒性肝炎[58-60]。其中一些菌株对许多种常用的杀虫剂具有抗药性[61-62]。日本人在第二次世界大战期间也曾用感染霍乱的苍蝇作为对付中国人的昆虫武器来传播疾病[10]。

（5）蜱可以作为一种生物武器在家禽、家畜和人类中传播不同的疾病。它们是许多细菌、原生动物和病毒的携带者[63]。鸡蜱引起家禽中的天疱疮病[64]。蜱是引起牛发烧的双列巴贝斯虫的一种媒介。在鸟类（鸡）中，蜱传播鹦鹉热衣原体。在人类中，它们会引起立克次体痘、斑疹伤寒、非洲蜱叮咬热、布顿纽斯热、落基山脉斑疹伤寒、昆士兰蜱斑疹伤寒、弗林德斯岛斑疹伤寒、科罗拉多蜱热、Q热、蜱传脑膜脑炎和埃立克体病[65]。冷战时期，苏联发展了利用蜱传播口蹄疫的技术。

（6）蚊子可以作为生物武器在鸟类、动物和人类身上引起疾病。它们是不同病毒和寄生虫的媒介。病毒性疾病，包括登革热、基孔肯雅热和黄热病，多由埃及伊蚊引起[66]。同样，疟疾是由原生动物寄生虫疟原虫引起的[67]。冷战期间，美国制造了一个可以繁殖1亿只感染黄热病蚊子的实验室来攻击苏联[10]，1955年，美国在"大嗡嗡"（Big Buzz）行动中空投了30万只感染黄热病的蚊子，以检查它们的生存能力[63]。

（7）毛毛虫是鳞翅目昆虫的幼虫阶段，鳞翅目昆虫包括蝴蝶、飞蛾、叶蜂等，它们是食草性和农业害虫[69]，以树叶为食。其中许多物种对许多杀虫剂都有抗药性[70]。20世纪90年代，美国研究利用毛毛虫作为生物武器来对付农作物[71]。

（8）黑苍蝇体型小（3~6mm）、健壮、翅膀短且胸部隆起。它们以家禽和牛的血液为食，这可能会引起急性毒血症从而致命。它们也是原生动物（白细胞体）和丝虫病（盘尾丝虫病）的媒介，前者引起家禽的白细胞体病，后者引起牛盘尾丝虫病[63]。在人类中，黑苍蝇传播盘尾丝虫病，它是盘尾丝虫（一种寄生线虫）的媒介，这种线虫生活在人类皮肤上，通过苍蝇的叮咬（血粉）传播给人类。因此，它们也可以作为一种生物武器，将疾病传染给人类、家禽和牛[72]。

（9）咬人的蠓/小虫/沙蝇是 1~4mm 长的苍蝇。它们是虫媒病毒[73]和一些非病毒病原体[74]的载体。这些病毒在牛和羊中引起蓝舌病，在家禽中传播血液原虫，在马中传播盘尾丝虫病。人们相信，人工感染的叮咬吸浆虫群可以用来在牛和家禽之间传播疾病。

（10）马蝇和鹿蝇是害虫，在牛身上传播不同的疾病，造成很深的出血伤口[75]。它们是健壮的大苍蝇，嘴部像刀片一样，能造成伤口。它们传播牛白血病、传染性贫血、猪瘟、锥虫原生动物和丝绒虫属线虫[76]。它们也可以用作生物武器。

（11）皮蝇是牛的大型寄生虫。它们的幼虫常被称为"狼"或"牛蛴螬"。它们体型大、多毛、颜色橙黄且外形像蜜蜂。成虫生活自由，口器退化[77]。某些物种的幼虫会侵入人体组织。皮蝇幼虫可用作生物武器，因为已经知道，在人类中皮蝇幼虫会引起脑内蝇蛆病，这种病入侵脑内组织，会引起脑内血肿和抽搐[78]。下皮线虫寄生在驯鹿/北美驯鹿上，也可能引起人类的眼炎，导致青光眼、葡萄膜炎和视网膜脱离[79]。

（12）螺丝蝇是一种寄生性蝇类，其幼虫侵染动物的开放性伤口[80]，攻击宿主的健康活组织。它导致组织损伤，重要器官破坏，在极端情况下甚至导致死亡。由于雌性螺丝虫在其生命周期中最多能产下 3000 个卵，并能游走 200km 寻找寄主[81]，因此它们也可以用作对付牲畜的生物武器。

6.2.1.5　生物毒素

根据 Dictionary.com，毒素的定义是"植物或动物来源的抗原性毒物或毒液，尤其是指由微生物产生或衍生的，在体内低浓度存在时可导致疾病的毒物或毒液。"

通过对生命过程的化学作用，生物毒素会导致人和动物死亡、暂时丧失能力或永久伤害。有 9 种生物毒素已经或正在考虑用于武器化，应视为威胁。毒素是通过气溶胶传递的。因此，它们最初会对呼吸道构成威胁。根据 Franz[82]所述，毒素吸入时的影响比在食入时更严重。一些生物毒素也可能对饮用水造成威胁，而且当暴露途径改变时，一些毒素会引起明显不同的临床表现，从而可能影响诊断和治疗。下面简述这 9 种生物毒素。

1. 类毒素-a

类毒素-a（$C_{10}H_{15}NO$）是一种次级双环胺生物碱，是淡水中发现的鱼腥藻（一种丝状蓝藻）产生的蓝藻毒素。其他蓝藻如隐管藻、圆柱藻、微囊藻、颤藻、浮游丝藻和尖头藻也能产生这种毒素。它在水中和大气环境条件下不稳定，会转化为无毒形式。它不能被明矾絮凝、过滤和氯化降解。Vuori等发现一种含有碳离子交换树脂和银的净水器只能把类毒素-a的浓度降低50%[83]，反渗透（RO）则是完全有效的。

类毒素-a是一种神经毒性物质，一旦接触就会导致呼吸麻痹而迅速死亡。

2. 肉毒杆菌毒素

肉毒杆菌产生肉毒杆菌毒素（$C_{6760}H_{10447}N_{1743}O_{2010}S_{32}$）。这是一种强大的神经毒素，约1μg就能夺人性命。肉毒杆菌有8种类型，即A-H型。肉毒杆菌A、B、E和F型在人类中引起疾病，而H型是最致命的。但是，A和B型被用作药物，如Botox（肉毒杆菌素）。肉毒杆菌毒素可以通过眼睛、黏膜、呼吸道或破损的皮肤吸收。它阻断神经功能，导致呼吸性和进行性的从头到脚肌肉骨骼麻痹，在这种情况下，受害者无法呼吸却保持精神上的清醒，直到死亡。肉毒杆菌毒素食入时比吸入时毒性更大[28]。

肉毒杆菌毒素在阳光照射下1~3h可被灭活，在空气中可在12h内解毒，80℃加热30min可以将其破坏。它可以通过煮沸或灭菌来解毒[84]。还建议使用炭吸附进行治疗，以有效去除毒素[29]。

肉毒杆菌毒素已被公认为是可用于生物恐怖主义的制剂。伊拉克和其他国家已将其武器化，用于喷雾器[26,28,85-86]。

20世纪90年代，日本的末日邪教奥姆真理教（doomsday cult Aum Shinrikyo）将肉毒杆菌毒素作为气雾剂进行传播，但袭击没有造成任何人员伤亡。德国恐怖集团赤军团（Red Army Faction）也生产肉毒杆菌毒素，但从未在任何袭击中使用过。

3. 肠毒素B

肠毒素B是金黄色葡萄球菌产生的蛋白质，它也称为葡萄球菌肠毒素B（SEB）。它是一种使人丧失行动能力的毒素。如果食入会引起严重的胃肠道疼痛，喷射性呕吐和腹泻。

如果吸入会引起发烧、发冷、头痛、肌肉疼痛，呼吸急促和干咳[23,26,82]。体征和症状会在数小时内出现。其他几种微生物也含有肠毒素，产生与SEB相似的效果，如大肠杆菌。SEB既可以吸入，也可以从受污染的水或食物中摄入。

由于SEB已被武器化，它可能被用来破坏粮食或低容量供水。完全康复的可能性很大，但士兵可能会失去行动能力长达两周[26]。Ulrich等[87]已经指出，1.7pg/人剂量的气溶胶会致死。SEB在酸性和碱性溶液中都很稳定，但在

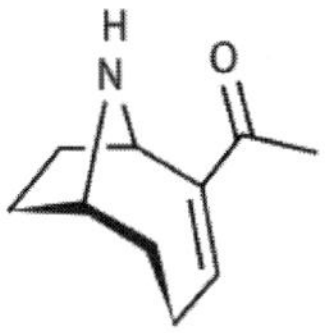

类毒素–a

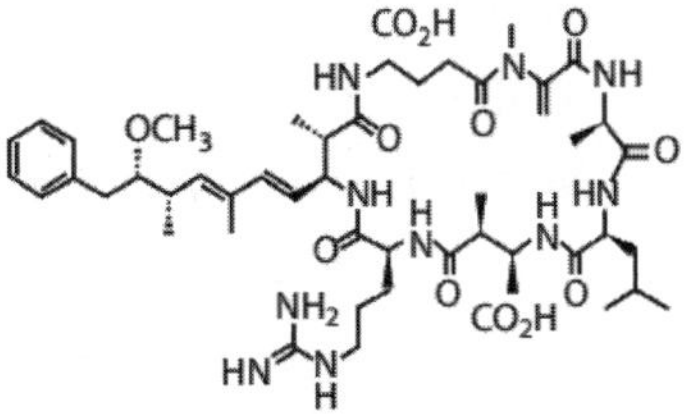

微囊藻毒素

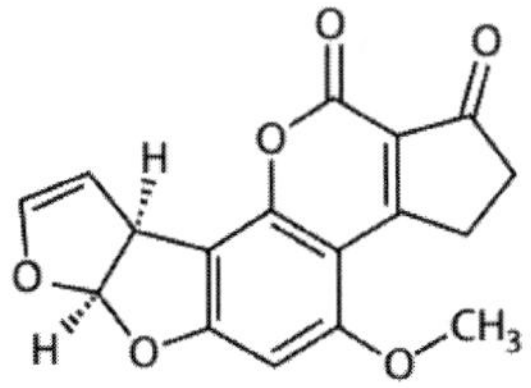

黄曲霉毒素 B1

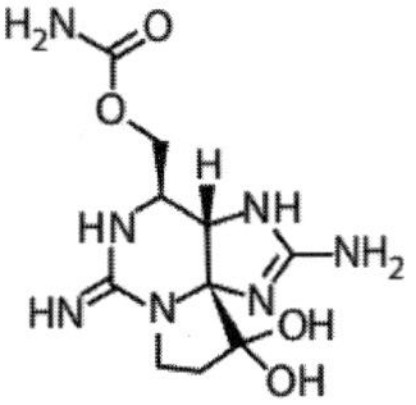

贝类毒素

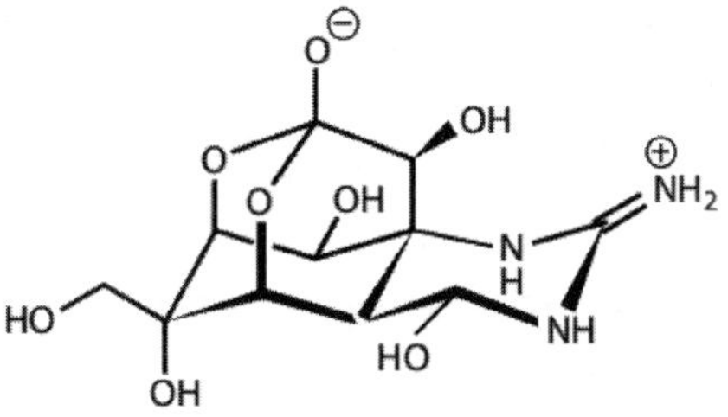

河豚毒素

图 6-13　可用于生物战剂的某些毒素的分子结构

类毒素–a（资料来源：Cacycle 自身工作，公共领域 https://commons. wikimedia. org/w/ index. php？curid＝3204512）。微囊藻毒素（来源：维基百科）。黄曲霉毒素 Bl（资料来源：维基百科，https://commons. wikimedia. org/w/index. php？curid＝10810336″＞link＜/a＞）。贝类毒素（来源：维基百科 https://commons. wikimedia. org/w/index. php？curid＝50713663）。河豚毒素（来源：维基百科）。

室温下存活时间不长[25]。它在 100℃时失活。目前尚不清楚 SEB 的消毒效果。

4. 产气荚膜梭菌 Epsilon

Epsilon 是由产气荚膜梭菌产生的一种蛋白毒素，产气荚膜梭菌是一种革兰氏阳性杆状厌氧产孢子细菌，它还产生另外两种毒素 α 和 β，产气荚膜梭菌共有 A-E 型 5 个菌株。只有 B 型和 D 型菌株产生 Epsilon。产气荚膜杆菌 B 型引起幼犊、小马驹、羔羊和仔猪的严重肠炎；D 型引起绵羊、山羊和牛的肠毒血症。α 毒素和 β 毒素也是潜在的生物武器。α 毒素由所有菌株产生，通过气溶胶致死，是一种坏死性毒素，可引起严重的急性肺病，以及血管泄漏、溶血、血小板减少和肝脏损害。β 毒素也是一种致死性坏死毒素，存在于 B 型和 C 型毒株中，它能损伤血管、导致白细胞淤滞、血栓形成、灌注减少和组织缺氧。在人类中，这种疾病通常由 A 型和 C 型菌株导致的食物中毒引起。这种毒素已经从人的伤口中分离出来了。伤口污染引起气性坏疽、梭菌性蜂窝组织炎或浅表污染。

Epsilon 毒素通过被污染的食物、水或气溶胶传播。作为一种蛋白质，它具有热变性。在 B 型菌株的自然感染中，高免疫血清和抗生素被发现是有用的。类毒素疫苗可预防 B 型和 D 型肠毒血症。

5. 微囊藻毒素–LR

微囊藻毒素–LR 含有脱氢丙氨酸衍生物和 β 氨基酸（ADDA）等多种非蛋白源性氨基酸。

由生长在富含磷的水中的淡水蓝藻（蓝绿藻）铜绿微囊藻、鱼腥藻、颤藻、念珠藻等产生。微囊藻毒素是肝脏毒素和促肿瘤毒素。微囊藻毒素会引起泛脂炎（黄脂病，这是一种身体脂肪发炎的生理状态）。当被食入时，微囊藻毒素进入肝脏并导致严重的肝脏损害。微囊藻毒素确实会在鱼体内积累。

微囊藻毒素在很宽的 pH 范围内是稳定的，并且易溶于水。它们大多不能直接穿透植物或动物细胞膜。它们通过膜转运体进入细胞。肝脏是毒性作用的最终靶器官。微囊藻毒素在低剂量下是致命的。它们在黑暗的水中可以持续存在数月甚至数年。细菌和阳光可以分解微囊藻毒素。聚对苯二甲酸乙二醇酯（PETG）以外的塑料容器可以吸收微囊藻毒素。

6. 霉菌毒素：黄曲霉毒素

黄曲霉毒素是真菌黄曲霉和寄生曲霉的代谢产物，侵染多种农业植物，包括花生、谷类谷物、树坚果、油料种子、香料等。它们是二呋喃香豆素。黄曲霉毒素的水溶性是有限的，同时它们是热稳定的。

黄曲霉毒素是强效的诱变剂和致癌物。然而，它们的毒性比肉毒杆菌、葡萄球菌肠毒素或蓖麻毒素小。有 14 种不同的天然黄曲霉毒素。

人们可以通过食物和牛奶接触黄曲霉毒素。同时，职业性接触，如在油厂工作也会发生。黄曲霉毒素中毒会引起黄疸、腹水（腹腔液）和门静脉高压症迅速发展，以及导致死亡的胃肠道出血。在儿童中，黄曲霉毒素引起雷耶斯综合征，导致意识紊乱、发烧、抽搐和呕吐[88]。黄曲霉毒素 B 是一种强致癌物。

伊拉克已将黄曲霉毒素武器化，使用导弹发射传播[85-86]。

7. 蓖麻毒素

蓖麻毒素是萝藦（蓖麻子）的豆类产生的一种植物代谢产物。蓖麻油废料中含有3%~5%的蓖麻毒素[82]蛋白。它是一种核糖体失活的球状糖基化异二聚体蛋白。

蓖麻毒素作为大规模毁灭性武器并不构成威胁，因为需要大量蓖麻毒素才能影响广大人群。然而，它一直用作刺客的武器。Simon[89]报告说，有人用雨伞将"蓖麻毒素球"注射到目标受害者身体。如果注射到身体中，它会迅速影响中枢神经系统，降低心脏功能。在毒素阻断大脑中的突触活动后，人会发生抽搐，最后死亡。

如果食入蓖麻毒素，会引起消化道出血伴器官坏死[26]。蓖麻毒素的解毒方法是在80℃下加热10min，在50℃下加热1h[25]。它在环境条件下是稳定的[84]。反渗透（RO）可以从水中去除99.8%以上的蓖麻毒素。

蓖麻毒素是一种潜在的气溶胶威胁。它被列入许多国家的生物战清单。美国在第一次世界大战期间调查蓖麻毒素的军事潜力，将其作为有毒粉尘或子弹和弹片的涂层，但战争在美国将其武器化之前就结束了。在第二次世界大战期间，美国和加拿大进行了集束炸弹中蓖麻毒素的研究[90]，但发现它并不比使用光气更经济。而且，美国把他们的注意力转移到了武器化的沙林上。

苏联和伊拉克[86]也拥有武器化蓖麻毒素。

8. 贝类毒素

贝类毒素是由海洋藻类（蓝藻或甲藻）刺膝沟藻产生的。它存在于双壳类贝类中，如贻贝、蛤、牡蛎和扇贝。它是一种阻断神经元钠通道的神经毒素。贝类毒素为水溶性，在酸中稳定，在碱中不稳定，在正常大气条件下稳定[84]。

如果食入被有毒藻类水华污染的贝类，被注射或通过气溶胶吸入，贝类毒素是具有剧毒的[91]。在摄取30min内，出现腹痛、腹泻、恶心、呕吐、眩晕、头痛、脉搏加快、舌头和牙龈麻木，最后导致瘫痪[92]，如果呼吸衰竭，可能在1~24h内死亡。唯一已知的治疗方法是一般的支持性护理和人工呼吸。反渗透法可以去除98%以上的贝类毒素。

它已被美国军方秘密地武器化，成为一种化学武器[93]。Wheelis等[94]曾写道，中央情报局向U-2侦察机飞行员Francis Gary Powers发放了小剂量的贝类毒素，藏在一枚银元内，以备他被捕和拘留时使用。

9. 河豚毒素

与贝壳毒素一样，河豚毒素（$C_{11}H_{17}N_3O_8$）也阻断神经元的钠通道，是一种强效致死性神经毒素。这种毒素存在于河豚、豪猪鱼、引金鱼等四齿鱼目鱼类中，也存在于蓝环章鱼中。它是由感染或共生细菌产生的，如假交替单胞菌、假单胞菌和弧菌。它也可以进行化学合成[95]。河豚毒素溶于微酸性水中，对温度稳定[84]。众所周知，食用处理不当的河豚会导致死亡[91]。河豚毒素中毒的毒性征象在摄入后 10min 至 4h 内出现，表现为嘴唇、舌头和手指麻木、焦虑、恶心、呕吐、麻痹、呼吸衰竭。通常在 6h 内导致死亡[96]。如果给予人工呼吸，并且病人在最初的 24h 内存活下来，则预后良好。

河豚毒素在高酸性（pH<3）或碱性（pH>9）下可以被氯灭活[91]。由于它易溶于水，它被认为是潜在的生物战武器[27]和对饮用水的威胁[83]。

6.3 化学战

化学战是出于敌对目的故意对人类及其环境使用有毒物质。

战争中使用的有毒化学品可以是固体、液体或气体形式（图 6-14）。根据所使用化学物质的类型，这些化学物质造成的健康影响包括头晕、恶心、失明、迷失方向、严重受伤不能行动甚至是死亡。面对化学武器伤害，必须立即注意并采取直接的缓解措施，如离开化学剂释放的区域以获得新鲜空气、戴上过滤面罩、脱掉衣服、清洁皮肤、冲洗眼睛以及服用解毒剂。

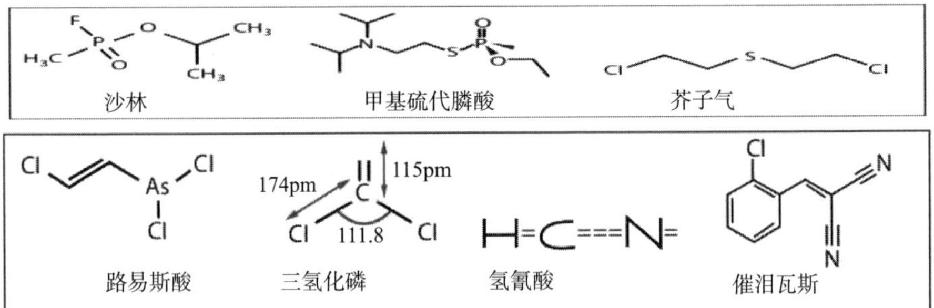

图 6-14　某些化学战剂的结构式

因为它们能够在容器中长期储存而不会降解和腐蚀，化学战剂毒性很高，但相对容易处理。容器必须能抵抗大气中的水和氧气，并应能承受用爆炸装置对有毒物散布时产生的热量。化学剂和生物制剂都用于反农业（包括作物、植被、渔业）和反牲畜战争。美国研制了除草剂和引起作物病害的化学品，用来摧毁敌人的农业、渔业和水基植被，以阻止敌人的进攻。小麦稻瘟病和稻瘟病通过在空中使用的喷洒罐和集束炸弹完成武器化，以便运送到敌方供水区。他们还实施了越南战争和斯里兰卡伊拉姆战争期间对牲畜和农田的摧毁。

20 世纪 80 年代，苏联农业和食品部的一个代号为"生态学"的秘密计划成功地研制出了针对奶牛的口蹄疫和牛瘟变种、针对猪的非洲猪瘟变种，以及针对鸡的鹦鹉热变种。

6.3.1　化学武器的类型

化学剂可以是持久性的或非持久性的：

（1）持久性化学物质。这些化学物质不会迅速蒸发或分解。这些化学物质的分解取决于雨、湿度、风、温度和地表类型。

（2）非持久性化学品。这些化学品很快就会分解。它们通常是迅速蒸发的气体和液体，如氯和氨。

根据化学剂造成的伤害类型，可将其分类如下。

6.3.1.1　神经毒剂

当吸入时，几分钟内神经毒剂就会影响神经系统，引起抽搐、瘫痪和死亡。它们的持续时间从几小时到几周不等。一些正在被使用的神经毒剂如下：

（1）1995 年 3 月奥姆真理教（Aum Shinrikyo cult）在东京地铁列车上使用的沙林（GB）$C_4H_{10}FO_2P$ 是一种非持久性、毒性极强的神经性毒气。它是一种无色无味的有机磷化合物。高浓度时，接触 2~15min 就能杀死人类。例如，G 系列神经毒剂塔崩（GA）和索曼（GD），其导致的症状为视物模糊、胸闷、恶心、呕吐、心率加快、意识丧失、瘫痪和死亡。

（2）甲基膦硫代酸（VX）、VE、VG、VM 等 V 系列是持久性神经毒气，可在数小时内致死。其他神经毒剂有塔崩和索曼。

（3）在两伊战争期间，多种毒剂曾用于对付伊朗军队和与德黑兰结盟的伊拉克库尔德游击队，其中可能包括芥子气和神经毒剂沙林、塔崩和 VX，以及血液毒剂氰化氢等。

6.3.1.2　起泡剂

起泡剂通常是持久的油性液滴，一旦与皮肤接触，在几分钟或几小时内就会刺激、引起水泡并破坏皮肤。一旦接触到眼睛，它们就会导致失明。如果吸入，它们可能导致致命的呼吸道损伤。在这一组中的其他物质还包含 HN 或氮芥。常见的起泡剂如下：

（1）芥子气（2-氯乙基硫化物）或 HD。这是一种真正的油性液体，无色无味。它可以用气球或飞机释放。它攻击造血器官（脾脏、骨髓和淋巴组织），减少白细胞和免疫防御，并导致严重的皮肤和肺损伤。其症状在接触后 2~24h 才出现，并且它没有解药。

（2）路易斯酸或砷氢化物（$C_2H_2AsCl_3$）是一种脂肪族砷化合物，是一种高度挥发性无色液体，其造成的伤害类似于芥子气，但要快得多。它会破坏血液中血红蛋白（Hgb）成分结合氧气的能力。它的解毒剂是二巯基丙醇。

6.3.1.3 窒息剂

通常窒息剂是不持久的。如果被吸入，它们会导致血管出血和肺部积液，直到受害者窒息或淹死在自己的液体中。气味或肺部刺激性给出了这些药剂存在的警告。反应或症状在接触后数秒或最多3h内出现，例如：

（1）氯气会迅速灼伤鼻子、嘴和肺的组织。德国对法属阿尔及利亚（French Algerian）和后来的加拿大军队使用了168t氯气。

（2）羰基氯（CS）或光气（$COCl_2$）是一种致命的窒息和刺激性物质。它可以起到气溶胶的作用，通过呼吸系统穿透身体。症状是刺激和眼睛腐蚀导致视力模糊。一个长期的症状是肺纤维化，导致肺功能受损。

（3）光气是一种无色气体，闻起来像刚割下来的干草或青草。1812年，在第一次世界大战期间，它被德国军队使用。它与双光气（一种同样有毒的液体）一起，是包括美国在内的许多国家化学武库的一部分。

6.3.1.4 血液制剂

血液制剂是非持久性制剂，吸入后非常致命。它们最初会引起头痛、恶心和眩晕，因为它们将在细胞水平上干扰氧气的使用。

血液制剂的例子有：氰化氢（HCN），氯化氰和氰化物盐是非常有毒的，并且在足够的浓度下迅速导致死亡，如 $300mg/m^3$ 立即致死，而 $200mg/m^3$、$150mg/m^3$、$120mg/m^3$ 和 $40\sim60mg/m^3$ 分别在 10min、30min 和 $30\sim60$min 后致死。它们引起的症状为烦躁不安、头晕、呼吸困难、意识不清或突然虚脱死亡。已知的解毒剂是依地酸二钴和羟钴胺。

6.3.1.5 镇暴剂

镇暴剂也是非持久性的，很少致命。它们包括：

（1）胡椒喷雾，是黑胡椒的提取物。

（2）催泪瓦斯用于防暴。2-氯苯甲酰丙二腈（$C_{10}H_5ClN_2$）是一种氰化物，是催泪弹的主要成分，通常称为 CS 气。

6.4 纳米技术如何保护生物和化学战

化学和生物制剂对人类、动物或植物的影响可能会持续数小时、数天或数周而未被察觉，这取决于如炭疽信件等的制剂。目前的国防形势要求研发发展被动防御能力、防止扩散，以及迅速处理各种化学和生物武器产生的后果。通过利用现代技术的优势，如纳米技术、信息技术、生物工程、多功能材料和人体性能研究，可以采取保护措施，包括以下几项：

（1）通过定位、检测和识别毒素及病原微生物来感知关注对象的能力；

（2）通过预防措施、医疗等防护或保护个人的能力；

（3）进一步去污、修复和暴露后的治疗诊断。

6.4.1 辅助生物和化学战的纳米传感器

纳米传感器具有体积小、功耗低、灵敏度高、特异性好等优点，在国防领域的应用势在必行。许多传感器已经被开发出来，它们利用了纳米材料的独特特性，与传统技术相比变得更小且更灵敏。便携式纳米传感器将对军事领域的操作人员具有很高的价值。特别是：①高灵敏度的红外热传感器；②用于运输、运动和位置感测的小型、轻型加速度计和 GPS；③用于检测生物化学品的传感器；④用于监测健康的传感器；⑤与药物/营养输送系统相关的传感器；⑥用于通信的传感器；⑦用于集成电路和建筑物设施的传感器；⑧用于安全和安保的传感器；⑨用于飞机的传感器。

就结构而言，可以有以下几种：

（1）化学传感器，包括电容读出式探头和用于信号分析的电子器件。它们的灵敏度足以探测单个化学和生物分子。纳米力学探头传感器具有低成本、快速响应和高特异性，无须分析前进行标定。

（2）静电计，由扭转力学谐振器、检测电极和用于将电荷耦合到力学元件的栅电极组成。

（3）光学毛细管传感器可以是一种价格合理的分类液体样品的工具，而且贵金属纳米粒子独特的光学性质可以作为生物分析的比色探针。下面将介绍一些重要的纳米传感器来辅助防御计划。

6.4.1.1 蓝蟹纳米传感器

壳聚糖是一种可生物降解的聚合物（甲壳素单体），存在于螃蟹壳中，它是纳米传感器（一种"芯片上的系统"）的关键组成部分。蓝蟹纳米传感器是马里兰（Maryland）大学开发的，用于探测空气和水中微量的爆炸物、生物剂、化学品和其他危险材料。壳聚糖容易与带负电的表面结合。

6.4.1.2 纳米线生物传感器

纳米线生物传感器可以检测化学和生物材料。生物材料可以是任何特定类型的 DNA 分析物、纳米条形码上的任何编码抗体、治疗性血清、毒素、病毒、疫苗、血液、血液成分或衍生物、过敏性产品或者适用于预防或治疗人类伤害或疾病的类似产品或衍生物。

基于 CNTs 的传感器可用于一系列分析物，包括气态分子、有机电荷转移复合物、蛋白质，DNA 和抗体（图 6-15）。基于 CNTs 的流体传感器可以用于研究血管和细胞的切应力，从而诊断许多疾病。相关器件也正在开发中。

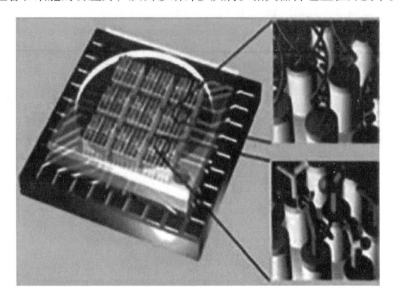

图 6-15　附着在硅片上生长的垂直 CNTs 末端的 DNA 分子

6.4.1.3　细胞内生物传感器

细胞内生物传感装置可用于检测活细胞中的癌前病变。这样的装置是由纳米直径的树枝状大分子制造的。

6.4.1.4　生物传感器

利用层层自组装和 Langmuir-Blodgett 技术制备的传感器在处理昂贵的生物化合物时是一种高效的方法。贵金属纳米粒子由于其独特的光学性质可以用作生物分析的比色探针和生物信息学中的纳米传感器，这是医疗保健非常需要的系统。

6.4.1.5　纳米传感器作为纳米鼻

伊利诺伊大学的 Suslick 教授开发了一种手持式传感器，可以检测 19 种不同的有毒化学物质，而不是单一化学传感器的反应。该阵列由不同的纳米多孔颜料组成，这些颜料的颜色通过与闻到或检测到的化学物质的化学反应而改变。

6.4.2　纳米技术与国防人员防护服

国防人员不仅容易受到来自先进致命武器的威胁，而且容易受到来自化学和生物战武器的威胁。因此，他们需要个人防护设备，如工作服、靴子、听力保护、面罩、手套、护目镜、防虫棒、帽子/头盔，呼吸器配件和装有传感器的衣服。

目前的防护服系统，如用凯夫拉、诺梅克斯和尼龙制成的织物涂上特殊化学物质以增强防火和防护能力，已不能满足面对这类生化武器的要求。由于纳米纤维及其复合材料具有非凡的物理、化学、力学和电学性能，纳米技术为轻质、柔韧、防弹、舒适的防护服装提供了织物，该织物集成了用于能量存储、导电和自净化（来自生物和化学）性能的传感器。纳米技术的应用正在用于对自适应纳米纤维的研究，这种纤维可以在热控制和伪装之间切换。工程织物的另一个需要是它们应该具备疏水性、耐热性，并且可以很容易地模制成设计舒适的制服。

6.4.2.1　纳米纤维和实时检测处理

纳米纤维作为化学物质的屏障非常坚固，特别是如果使用 CNTs-聚合物纳米复合材料，因为它们具有选择性绝缘性和透气性。

可以利用聚合物溶液（作为纳米纤维源）和接地的集电板之间的高压（高达 85kV），通过静电纺丝聚乳酸-羟基乙酸（PLGA）和聚环氧乙烷-聚吡咯等聚合物来合成纳米纤维。纳米材料作为智能皮肤材料的详细内容将在第 7 章中讨论。纳米纤维除了用作国防人员的服装外，还具有其他用途，例如：①用于过滤；②由于聚合物导电纳米纤维的电阻而用作传感器的基底；③用于绝缘；④作为增强纤维；⑤用于防弹应用；⑥用于选择性透气，在保持呼吸的同时保护人员免受化学和生物攻击。

直径较小的纳米纤维用于制造非织造垫，因为直径越小，非织造垫的拉伸强度越大。抗拉强度的提高是由于纤维对纤维之间化学键的数量增加。此外，聚合物分子在纤维长度方向上有一致的取向。一种自组装的蜂窝状聚氨酯纳米纤维已经被制造出来，它可以捕获有毒物质[97]。

CNTs 基纤维被广泛研究，以期获得所需的力学和电学性能。这通常是通过将分散在表面活性剂溶液中的 SWCNTs 注入到水溶液聚合物（PVA）的旋转浴中来完成的。然后将这种聚合物和 SWCNTs 的混合物纺成纤维（图 6-16）。使用 CNTs 优点是它们可以最大限度地弯曲而不断裂，因为它们的弹性模量很高[98]。

此外，一些其他纳米粒子（如碳纳米纤维、MWCNTs、纳米 TiO_2，纳米 Al_2O_3 和铝硅酸盐纳米黏土）也被分散在聚合物基体中，以制备具有增强的力学、电和热性能的复合材料。

目前人们正在利用纳米技术努力开发一种智能轻便套装，其性能不仅可以抵抗子弹、手榴弹碎片、生物剂和化学剂，而且提供绝缘、透气和士兵身体的

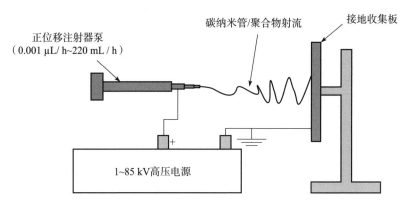

图 6-16　静电纺丝装置原理

局部冷却，并能与化学和生物传感器以及纳米纤维网络相结合，这些纳米纤维网络能对生物和化学制剂进行吸收和灭活，同样还包括防弹头盔。

为了实现具有上述应用的纤维，正在开展以下研发：

（1）正在利用聚合物纳米复合材料开发伪装材料。该方向的成果之一是DeLongchamp 等开发了一种高对比度电聚纳米复合材料[99]。这种纳米复合材料基于聚乙烯亚胺和普鲁士蓝纳米粒子。具有完全可切换的反光三基色空间涂层。

（2）正在开发的弹道防护防弹衣不仅用作防弹衣，还用于车辆衬里。CNTs 被认为是适合本用途的纳米材料。Lee[100] 等利用纳米技术已经通过用分散在聚乙二醇溶液中的 450nm 大小的胶体硬球状二氧化硅纳米粒子浸渍凯夫拉纤维，作为剪切增稠流体（STF），开发了一种液体防弹衣。这种共轭关系大大增强了材料吸收能量的能力。在 Lee 等提出的机理中，在高体积分数下，高剪切力导致悬浮胶粒形成水团簇，从而导致黏度的增加，进而导致类固体响应（即不连续剪切增稠）。另一种由 Rosen 等[101] 报道的纳米共轭物，是以高岭土黏土片（直径约 500nm）为基础的 STF，它能让弹道装甲减重，并变得更加灵活。其他可用于抗弹道防弹衣的纳米粒子还包括：在液体聚合物中的一氧化硅（SiO）纳米粒子在弹道冲击下变硬（剪切增稠流体），以及在惰性油中的铁纳米粒子在电脉冲刺激下变硬（磁流变流体）。

（3）将黏土（蒙脱土）纳米粒子分散在聚合物基体中以提高织物的刚度、韧性、拉伸强度、热稳定性、阻气性和阻燃性，从而制成一种新型的阻燃织物。这些纳米复合材料延缓了熔化、滴落和燃烧速率。此外，黏土纳米粒子的加入改善了材料的力学性能，因此可以显著降低织物的厚度和重量。这些纳米复合材料或者是插层的，其中聚合物或单体渗透到有序的硅酸盐层阵列中；或

128

者是剥离的，其中硅酸盐层分层并使用分散体和增容剂精细地分散在聚合物网络中，这种增容剂具有亲水基团和一种亲有机基团[102]。

（4）纳米复合屏障织物正在被开发，以保护士兵免受危险的生物和化学战剂的伤害。使用黏土 MgO 和 TiO_2 开发了具有增加阻隔性能的不同类型的纳米复合材料，以便保护士兵并给予他们作战优势[103-104]。

（5）自清洁、愈合和去污织物是另一个优先发展的领域。TiO_2 纳米粒子具有氧化污染物和其他污染物的光催化能力。要在织物（羊毛、棉、涤纶或聚酰胺）上涂敷 TiO_2，首先要用射频等离子体、中波等离子体或真空紫外线照射对其进行预处理，引入带负电的羧酸与 TiO_2 结合。这样的 TiO_2，其共轭织物在阳光环境下具有自清洁能力[105-106]。另外，嵌入 Si 纳米粒子的环氧基体中差不多可以在几年内投入使用。

（6）用银纳米粒子包覆军用服装，可以制得自愈、拒水、抗污的微生物防护服。离子[107]和银纳米粒子[108]都是公知的抗微生物材料，特别是可以对抗来自革兰氏阳性细菌如金黄色葡萄球菌、枯草芽孢杆菌和革兰氏阴性铜绿假单胞菌及大肠杆菌的感染。TiO_2 纳米粒子还被用作织物涂料中的抗菌剂[109]。此外，人们也在尝试在纺织品上加载抗菌药物。重要的是要有控制地进行药物释放，以达到治疗效果。已发现壳聚糖适用于装载和递送抗微生物药物，因为它可以在与释放介质接触时或由于表面侵蚀而从表面释放药物。壳聚糖释放药物的另一种方式是与水接触，使其膨胀并释放药物。一种 ZnO 掺入海藻酸钠和 PVA 复合纳米纤维垫已被成功尝试用于伤口敷料[110]。

（7）目前正在研究具有自去污和药物递送特性的化学和生物防护服。如 MgO 和 Al_2O_3 的纳米金属氧化物是很好的净化剂。为了这些目的，人们正在探索这些纳米金属氧化物连同活性炭和抗生素的涂层[111]。

（8）传感器和储能织物是为了保护士兵而制作的，可以快速、及时地做出反应。由于传感器、执行器、通信和瞄准系统等设备都需要电能，因此它们都配备了电池，但这给士兵增加了额外的重量。目前的概念是将具有纳米晶体压电粒子的压电装置结合到织物中。压电器件可以将机械力转换成电信号，反之亦然。如果把它装在士兵的制服里，它就能把它从心脏节律或脉搏中产生的机械力转换成可以监控的电信号。一些有前途的压电材料是：①与黏土共轭的聚偏氟乙烯（PVDF）、CNTs、极性基质（聚乙腈）、非极性基质（聚砜）[112-113]，人们尝试用乙炔黑和 $BaTiO_3$ 浸渍 PVDF 获得固体压电薄膜，并获得多孔聚偏氟乙烯-三氟乙烯薄膜；②锆钛酸铅[114-115]；③钒掺杂 ZnO 纳米纤维；④$Bi_{3.15}Nd_{0.85}Ti_3O_{12}$ 纳米纤维[116]；⑤与聚 2-甲基丙烯酸羟乙酯共轭的钛酸钡纳米粒子[117]。

利用一些金属氧化物半导体纳米粒子，如 TiO_2 的光学特性。沉积在平坦表面上的 ZnO 纳米棒已被用作检测危险生物化合物的生物传感器，如检测牛白血病用的 TiO_2 和检测沙门氏菌的 ZnO 纳米棒[118]。将纳米粒子表面光致发光信号的变化作为生物传感器响应来检测分析物。基于 TiO_2 的生物传感器对牛白血病抗体的检测范围为 $2 \sim 10 \mu g/mL$；对沙门氏菌抗原的检测范围为 $10^2 \sim 10^6$ 个/mL。

加州大学圣地亚哥分校的 Wang 教授开发了一种智能织物和传感器的组合。他开发了一种技术，在士兵内衣的带子上打印出传感器，传感器会与皮肤保持亲密接触，这样它就可以监测士兵汗液中的生物标志物。

6.4.3 纳米机器人和其他未来纳米应用

有一些面向未来的想法正在被考虑，但仍处于其应用的初级阶段。这些设想用于识别和保护，以帮助防御生物和化学战，纳米机器人就是其中之一。此外，还有许多富有想象力的概念和幻想可能在不久的将来成为现实，其中：①使用基于噬菌体的产品和技术来鉴定生物病原体[119]；②原子力显微镜用作确定病原体物理化学和力学特性的工具[120]；③二氧化铈（CeO_{2-x}）和原钒酸盐（$Gd_{0.9}Eu_{0.1}VO_4$）纳米粒子，用于保护活体免受 X 射线诱导损伤[121]；④各种杂碳（碳的杂原子衍生物，其中一个或几个碳原子被替换在另一个非金属原子上）纳米结构，如氮化碳（$g\text{-}C_3N_4$）、氮杂富勒烯、氮杂阳极管（N-掺杂纳米管）和 N-掺杂石墨烯，将用作安全系统中非常敏感的纳米传感器[122]；⑤因为估计量子点中的弛豫速率是由压电声子引起的，因此可在 GaAs 基量子点中将自旋弛豫用于安全和量子信息[123]。

6.5 纳米技术的缺点

虽然减少粒子尺寸对于许多应用来说是一种有效和可靠的工具，但纳米技术有助于克服尺寸的限制，并改变了对科学的看法。纳米材料对制造纳米粒子的工人的潜在有害影响不应被忽视，因为它们可以被吸入并滞留在肺部或分布到全身。Kwon 等[124] 已报道称，吸入的铁磁性纳米粒子可穿透血脑屏障（BBB）和血肿瘤屏障（BTB）。为士兵开发的应用纳米技术的某些医疗手段在应用于一般医疗时须进行更仔细的管理。

6.6 小 结

本章探讨了某些顽固领导人和恐怖分子决心要进行的可怕的生物和化学战争。讨论了已经使用的及潜在的生物和化学剂以及未来可能使用的材料。简要介绍了生物材料,包括细菌、真菌、昆虫、病毒和生物毒素。此外,还涉及危险和致命的化学剂。本章最后介绍了利用纳米技术保护人类、动物、鸟类和植物的解决方案,其中主要包括纳米传感器、纳米生物以及利用纳米机器人和其他纳米材料的未来方法。不可否认,纳米技术在国防方面有许多好处,但随着技术的进步,在每一个发展阶段都有一些问题需要谨慎处理,这是本章结论中特别提出的关注。

参考文献

[1] Trevisanato, S. I. ,*Med. Hypotheses*, 69, 6, 1371-1374, 2007, doi:10. 1016/j. mehy. 2007. 03. 012.

[2] Mayor, A. , *Greek Fire, Poison Arrows, and Scorpion Bombs*: *Biological and Chemical Warfare in the Ancient World*, pp. 100-101, The Overlook Press, New York, ISBN: 1-58567-348-X, 2003.

[3] Rothschild, J. H. , *Tomorrow's Weapons*: *Chemical and Biological*, McGraw-Hill, New York, New York, 1964.

[4] Wheelis, M. , *Emerg. Infect. Dis.*, 8, 9, 971-975, 2002, doi: 10. 3201/eid0809. 010536.

[5] Calloway, C. G. , *The Scratch of a Pen*: 1763 *and the Transformation of North America* (*Pivotal Moments in American History*), p. 73, Oxford University Press, New York, 2007.

[6] Warren, C. , J. *Aust. Stud.*, 38, 1, 68-86, 2014, doi: 10. 1080/ 14443058. 2013. 849750#preview.

[7] Baxter, R. R. , *Buergenthal T. Legal Aspects of the Geneva Protocol of* 1925, Cambridge University Press, Cambridge, England, 2017, doi: 10. 2307/ 2198921.

[8] Gold, H. , *Unit* 731 *Testimony* (1st ed.). Tuttle Pub. , New York, 2011.

[9] Barenblatt, D. , *A Plague upon Humanity*: *The Secret Genocide of Axis Japan's Germ Warfare Operation*, pp. 220-221, HarperCollins, New York, 2004.

[10] Lockwood, J. A. , *Six-Legged Soldiers*: *Using Insects as Weapons of War*, pp. 9-26, Oxford University Press, USA, ISBN: 0195333055, 2008.

[11] Institute of Medicine (US) Committee to Review the Health Effects in Vietnam Veterans of Exposure to Herbicides, *Veterans and Agent Orange*: *Health Effects of Herbicides Used in Vietnam*, vol. 3, National Academies Press (US), Washington (DC), 1994, The U. S. Military and the Herbicide Program in Vietnam. https://www. ncbi. nlm. nih. gov/books/ NBK236347.

[12] Schwartz, A. , War Crimes, in: *The Law of Armed Conflict and the Use of Force*: *The Max Planck Encyclopedia of Public International Law*, F. Lachenmann and R. Wolfrum (Eds.), p. 1317, Oxford University Press, Oxford, U. K. , 2017.

[13] Liautard, J. P., Gross, A., Dornand, J., Köhler, S., *Microbiologia*, 12, 2, 197-206, 1996.

[14] Chaowagul, W., Simpson, A. J., Suputtamongkol, Y. *et al.*, *Clin. Infect. Dis.*, 29, 2, 375-380, 1999, doi: 10. 1086/520218.

[15] Dance, D. A. B., Melioidosis and glanders as possible biological weapons, in: *Bioterrorism and Infectious Agents: A New Dilemma for the 21st Century*, I. W. Fong and K. Alibek (Eds.), pp. 99-145, Springer, Boston, MA, 2010, doi: ISBN 978-1-4419-1266-4.

[16] Lederberg, J., *Encyclopedia of Microbiology Second Edition A-C*, Volume 1, pp. 781-787, Academic Press, San Diego, CA, 2000.

[17] Schachter, J., *N. Engl. J. Med.*, 298, 428-434, 490-496, 540-548, 1978.

[18] McPhee, S. J., Erb, B., Harrington, *W.*, *West J. Med.*, 146, 1, 91-95, 1987.

[19] MacFarlane, J. T. and Macrae, A. D., *Med. Bull.*, 39, 163-167, 1983.

[20] Madariaga, M. G., K, G. M., AWeinstein, R., *Lancet Infect. Dis.*, 3,1, 709-721, 2003.

[21] Warner, J., Ramsbotham, J., Tunia, E., Valdes, J. J., *Analysis of the Threat of Genetically Modified Organisms for Biological Warfare. Analysis of the Threat of Genetically Modified Organisms for Biological Warfare*, by Center for Technology and National Security Policy National Defense University, Fort Belvoir, VA, 2011.

[22] Seshadri, R., Paulsen, I. T., Eisen, J. A., *Proc. Natl. Acad. Sci. U. S. A.*, 100, 9, 5455-5460, 2008, doi: 10. 1073/pnas. 0931379100.

[23] Burrows, W. and Freeman, B. A., *Textbook of Microbiology*, 21st ed., WB Saunders Co, Philadelphia, PA, 1979.

[24] Jensen, J. G., Vanderveer, D. E., Greer, W. T., *Analysis for the Automatic In-line Detection of Chemical and Biological Agents in Water Systems*, Chemical Biological Defense Division, Armstrong Laboratory, Int Rpt AL/CF-TR-1996-0181. WrightPatterson AFB, OH, 1996.

[25] Parker, A. C., Kirsi, J., Rose, W. H., Parker, D. T., *Counter Proliferation—Biological Decontamination*, U. S. Army Test and Evaluation Command, Rpt DAAD09-92-D-0004. Aberdeen Proving Ground, MD, 1996.

[26] Eitzen, E., Paviin, J., Cieslak, T., Christopher, G., Culpepper, R., *Medical Management of Biological Casualties Handbook*, 3rd ed., U. S. Army Medical Research Institute of Infectious Diseases, Ft Detrick, MD, 1998.

[27] White, G. C., *Handbook of Chlorination and Alternative Disinfectants.*, 3rd ed., Van Nostrand Reinhold, New York, 1992.

[28] Christopher, G. W., Cieslak, T. J., Paviin, J. A., Eitzen, E. M., Jr., *JAMA*, 278, 5, 412-417, 1997.

[29] McGeorge, H. J. II, *Chemical/Biological Terrorism Threat Handbook*, Chemical Research, Development and Engineering Center, RptDAAL03-86-D-0001. Aberdeen Proving Ground, MD, 1989.

[30] Howard-Jones, N., *Perspect. Biol. Med.*, 16, 292-307, 1973, doi: 10. 1353/pbm. 1973. 0034.

[31] Nakase, Y., *Nihon Sakingaku Zasshi*, 50, 637-650, 1995.

[32] Cooper, R. C., Olivieri, A. W., Danielson, R. E., Badger, P. G., Spear, R. C., Selvin, S., *Evaluation of Military Field-Water Quality. Vol 5: Infectious Organisms of Military Concern Associated with Consumption: Assessment of Health Risks, and Recommendations for Establishing Related Standards*, U. S. Ar-

my Medical Research and Development Command, APO 82PP2817. Ft. Detrick, MD, 1986.

[33] Alchon, S. A. , *A Pest in the Land*: *New World Epidemics in a Global Perspective*, p. 21, University of New Mexico Press, Albuquerque, 2003.

[34] Harbeck, M. , Seifert, L. , Hänsch, S. , Wagner, D. M. , Birdsell, D. , Parise, K. L. , Wiechmann, I. , Grupe, G. , Thomas, A. , Keim, P. , Zöller, L. , Bramanti, B. , Riehm, J. M. , Scholz, H. C. , *PLoS Pathog.* , 9, 5, e1003349, 2013, doi: 10. 1371/journal. ppat. 1003349.

[35] Wade, N. , *Europe's Plagues Came From China*, *Study Finds*, New York Times, 31st October, 2010, www. nytimes. com/2010/11/01/ health/01plague. html.

[36] Grygorczuk, S. and Hermanowska-Szpakowicz, T. , *MedycynaPracy*, 53, 4, 343–348, 2002.

[37] McGovern, T. W. and Friedlander, A. M. , Plague, in: *Medical Aspects of Chemical and Biological Warfare*, F. R. Sidell, E. T. Takafugi, D. R. Franz (Eds.), pp. 479–502, TMM Publications, Washington, DC, 1997.

[38] Klassen-Fischer, M. K. , *Clin. Lab. Med.* , 26, 2, 387–95, 2006.

[39] Koonin, E. V. and Starokadomskyy, P. , *Stud. Hist. Philos. Biol. Biomed. Sci.* , 59, 125–34, 2016, doi: 10. 1016/j. shpsc. 2016. 02. 016.

[40] Holmes, E. C. , *Proc. Natl. Acad. Sci.* , 107, suppl 1, 1742–1746, 2010, DOI: 10. 1073/pnas. 0906193106Holmes 2007.

[41] Wimmer, E. , Mueller, S. , Tumpey, T. M. , Taubenberger, J. K. , *Nat. Biotechnol.* , 27, 12, 1163–2, 2009, doi: 10. 1038/nbt. 1593.

[42] Asaria, P. and MacMahon, E. , *BMJ*, 333, 7574, 890–895, 2006.

[43] Bouloy, M. and Flick, R. , *Antiviral Res.* , 84, 2, 101–118, 2009.

[44] Pepin, M. , Bouloy, M. , Bird, B. H. , Kemp, A. , Paweska, J. , *Vet. Res.* , 41, 6, 61, 2010.

[45] Wilson, M. L. , *Ann. N. Y. Acad. Sci.* , 70, 1, 169–179, 2006. http://onlinelibrary. wiley. com. ezp2. lib. umn. edu/doi/10. 1111/j. 1749–6632, 1994. tb19867. x .

[46] Feldmann, H. , Jones, S. , Klenk, H. D. , Schnittler, H. J. , *Nat. Rev. Immunol.* , 3, 677–685, 2003.

[47] Quammen, D. , *Insect-Eating Bat May Be Origin of Ebola Outbreak*, *New Study Suggests*, news. nationalgeographic. com. National Geographic Society, Washington, DC, 2014-12-30, Retrieved 2014-12-30.

[48] Angier, N. , *Killers in a Cell but on the Loose Ebola and the Vast Viral Universe*, New York Times, 27 October, 2014.

[49] Petersen, L. R. and Roehrig, J. T. , *Emerg. Infect. Dis.* , 7, 611–14, 2001.

[50] Groseth, A. , Jones, S. , Artsob, H. , Feldmann, H. , Hemorrhagic fever viruses as biological weapons, in: Bioterrorism and Infectious Agents: *A New Dilemma for the* 21st *Century*, I. W. Fong and K. Alibek (Eds.), Emerging Infectious Diseases of the 21st Century series, Springer, Boston, MA, 2005.

[51] Kiley, M. P. , Bowen, E. T. , Eddy, G. A. , Isaäcson, M. , Johnson, K. , McCormick, J. B. , Murphy, F. A. , Pattyn, S. R. , Peters, D. , Prozesky, O. W. , Regnery, R. L. , Simpson, D. I. , Slenczka, W. , Sureau, P. , Van Der Groen, G. , Webb, P. A. , Wulff, H. , *Intervirology*, 18, 1–2, 24–32, 1982, doi: 10. 1159/000149300.

[52] Alibek, K. W. and Handelman, S. , *Biohazard*: *The Chilling True Story of the Largest Covert Biological Weapons Program in the World—Told from the Inside by the Man Who Ran It*, Random House, New York, Delta; Reprint edition (2000).

[53] McClain, D. J., Smallpox, in: *Medical Aspects of Chemical and Biological Warfare*, F. R. Sidell, E. T. Takafugi, D. R. Franz (Eds.), pp. 539−559, TMM Publications, Washington, DC, 1997.

[54] Dickerson, J. L., *Yellow Fever: A Deadly Disease Poised to Kill Again*, Prometheus Books, Amherst, New York, USA, ISBN: 1−59102−399−8, 2006, DOI https://doi. org/10. 1007/0−387−23685−6_6.

[55] Croddy, E., Perez-Armendariz, C., Hart, J., *Chemical and Biological Warfare: A Comprehensive Survey for the Concerned Citizen*, pp. 30−31, Springer−Verlag, Heidelberg, ISBN: 0387950761, 2002.

[56] Alyokhin, A., Baker, M., Mota-Sanchez, D., Dively, G., Grafius, E., *Am. J. Potato Res.*, 85, 395−413, 2008.

[57] Farhang-Azad, A., Traub, R., Baqar, S., *Science*, 227, 543−545, 1985.

[58] Ostrolenk, M. and Welch, H., *Am. J. Public Health Nations Health*, 32, 487−494, 1942.

[59] Levine, O. S. and Levine, M. M., *Rev. Infect. Dis.*, 13, 4, 688−696, 1991.

[60] Förster, M., Klimpel, S., Sievert, K., *Vet. Parasitol.*, 160, 163−167, 2009.

[61] Georghiou, G. P. and Hawley, M. K., *Bull. World Health Organ*, 45, 43−51, 1971.

[62] Keiding, J., Problems of housefly (Musca domestica) control due to multiresistance to insecticides. *J. Hyg. Epidemiol. Microbiol. Immunol.*, 19, 340−355, 1975.

[63] Williams, R. E., *Veterinary Entomology, Livestock and Companion Animals*, CRC Press, Boca Raton, FL, USA, 2010.

[64] Euzéby, J. P., *Int. J. Syst. Bacteriol.*, 47, 590−592, 1997.

[65] Unsworth, N. B., Stenos, J., Graves, S. R., Faa, A. G., Cox, G. E., *Emerg. Infect. Dis.*, 13, 566−573, 2007.

[66] World Health Organization and the Special Programme for Research and Training in Tropical Diseases (TDR), *Dengue Guidelines for Diagnosis, Treatment, Prevention and Control*, World Health Organization, Geneva, 2009.

[67] Worrall, E., Basu, S., Hanson, K., *Trop. Med. Int. Health*, 10, 1047−1059, 2005.

[68] William, R. H., *An Evaluation of Entomological Warfare as a Potential Danger to the United States and European NATO Nations*, U. S. Army Test and Evaluation Command, Dugway Proving Ground, via thesmokinggun. com, 1981.

[69] Greene, E., *Science*, 243, 643−646, 1989.

[70] Redd, J. T., Voorhees, R. E., Török, T. J., *J. Am. Acad. Dermatol.*, 56, 952−955, 2007.

[71] Irwin, M. E. and Kampmeier, G. E., Commercial products, from insects, in: *Encyclopedia of Insects*, V. H. Resh and R. Carde (Eds.), p. 6, Academic Press, San Diego, via University of Illinois and Illinois Natural History Survey, 2008.

[72] Service, M. W., *Medical Entomology for Students*, pp. 81−92, Cambridge University Press, Cambridge, United Kingdom, 2008.

[73] Carpenter, S., Groschup, M. H., Garros, C., Felippe-Bauer, M. L., Purse, B. V., *Antiviral Res.*, 100, 102−113, 2013.

[74] Linley, J. R., *J. Med. Entomol.*, 22, 589−599, 1985.

[75] Kazimírová, M., Sulanová, M., Kozánek, M., Takác, P., Labuda, M., *Haemostasis*, 31, 294−305, 2001.

[76] Wilkerson, R. C., Butler, J. F., Pechuman, L. L., *Myia*, 3, 515−546, 1985.

［77］Piper, R. , *Extraordinary Animals: An Encyclopedia of Curious and Unusual Animals*, Greenwood Press, Westport, Conn. , 2007.

［78］Kalelioğlu, M. , Aktürk, G. , Aktürk, F. , Komsuoğlu, S. S. , Kuzeyli, K. , Case report. *J. Neurosurg.* , 71, 929−931, 1989.

［79］Lagacé-Wiens, P. R. S. , Dookeran, R. , Skinner, S. , Leicht, R. , Colwell, D. D. , *Emerg. Infect. Dis.* , 14, 64−66, 2008.

［80］Curran, J. , "*Screw-Worm Fly*", Department of Agriculture Farmnotes, Government of Western Australia, 2002.

［81］James, M. T. , *The Flies that Cause Myiasis in Man*, USDA Miscellaneous Publication No. 631, U. S. Dept. of Agriculture, Washington, D. C. , 1947.

［82］Franz, D. R. , Defense against toxin weapons, in: *Medical Aspects of Chemical and Biological Warfare*, F. R. Sidell, E. T. Takafugi, D. R. Franz (Eds.), pp. 603−619, TMM Publications, Washington, DC, 1997.

［83］Vuori, E. , Himberg, K. , Waris, M. , Niinivaara, K. , Drinking water purifiers in removal of hepato-and neurotoxins produced by cyanobacteria, in: *Recent Advances in Toxinology Research.* , vol. 3, P. Gopalakrishnakone and C. K. Tan (Eds.), pp. 318−322, National University of Singapore, Venom and Toxin Research Group, Singapore, 1992.

［84］Warner, J. S. , *Review of Reactions of Biotoxins in Water. Rpt CBIAC Task 152*, U. S. Army Medical Research and Development Command, Ft. Detrick, MD, 1990.

［85］Marshall, E. , *Science*, 275, 745, 1997.

［86］Zilinskas, R. A. , *JAM*, 278, 5, 418−424, 1997.

［87］Ulrich, R. G. , Sidell, S. , Taylor, T. J. , Wilhelmsen, C. L. , Franz, D. R. , Staphylococcal enterotoxin B and related pyrogenic toxins, in: *Medical Aspects of Chemical and Biological Warfare*, F. R. Sidell, E. T. Takafugi, D. R. Franz (Eds.), pp. 621−630, TMM Publications, Washington, DC, 1997.

［88］Palmgren, M. S. and Ciegler, A. , Aflatoxins, in: *Handbook of Natural Toxins. Vol 1: Plant and Fungal Toxins*, R. F. Keeler and A. T. Tu (Eds.), pp. 299−323, Marcel Dekker, New York, 1983.

［89］Simon, J. D. , *JAMA*, 278, 5, 428−430, 1997.

［90］Gupta, R. , *Handbook of Toxicology of Chemical Warfare Agents*, Academic Press, Boston, 2009.

［91］Whalley, C. E. , *Toxins of Biological Origin. Rpt CRDEC-SP-021*, AD B145632, Chemical Research, Development and Engineering Center, Aberdeen Proving Ground, MD, 1990.

［92］Wannemacher, R. W. Jr, Dinterman, R. E. , Thompson, W. L. , Schmidt, M. O. , Burrows, W. D. , *Treatment for Removal of Biotoxins from Drinking Water*. Rpt no TR9120, AD A275958, US Army Biomedical Research and Development Laboratory, Ft. Detrick, MD, 1993.

［93］Stewart, C. E. , *Weapons of Mass Casualties and Terrorism Response Handbook*, p. 175, Jones & Bartlett Learning, Sudbury, 2006.

［94］Wheelis, M. , Rózsa, L. , Dando, M. (Eds), Deadly Cultures: Biological Weapons Since 1945, Harvard University Press, Cambridge, MA, USA, 2006.

［95］Woodward, R. B. , *Pure Appl. Chem.* , 9, 1, 49−75, 1964, doi: 10. 1351/pac196409010049.

［96］Auerbach, P. S. , Clinical therapy of marine envenomation and poisoning, in: *Handbook of Natural Toxins. Vol 3: Marine Toxins and Venoms*, A. T. Tu (Ed.), pp. 493−565, Marcel Dekker, New

York, 1988.

[97] Thandavamoorthy, S. , Gobinath, N. , Ramkumar, S. S. , J. *Appl. Polym. Sci.* , 101, 5, 3121 - 124, 2006.

[98] Vigolo, B. , Penicaud, A. , Coulon, C. , Sauder, C. , Rene, P. , Journet, C. , Bernier, P. , Poulin, P. , *Science*, 290, 5495, 1331-334, 2000.

[99] DeLongchamp, D. M. , Kastantin, M. , Hammond, P. T. , *Chem. Mater.* , 15, 8, 1575-1586, 2003, doi: 10. 1021/cm021045x.

[100] Lee, Y. S. , Wetzel, E. D. , Wagner, N. J. , J. *Mater. Sci.* , 38, 13, 2825-833, 2003.

[101] Rosen, B. A. , Nam Laufer, C. H. , Kalman, D. P. , Wetzel, E. D. , Wagner, N. J. , Multi-threat performance of Kaolin based shear thickening fluid (STF) -treated fabrics, in: *52nd International SAMPE Symposium and Exhibition*, Baltimore, 2007.

[102] Kashiwagi, T. , Grulke, E. , Hilding, J. , Groth, K. , Butler, K. G. , Shields, J. , Kharchenk, S. , Douglas, J. , *Polymer*, 45, 4227-239, 2004.

[103] Rajagopalan, S. , Koper, O. , Decker, S. , Klabunde, K. J. , *Chem. -Eur. J.* , 8, 2602-607, 2002.

[104] Watson, S. , Beydoun, D. , Scott, J. , Amal, R. , J. *Nanoparticle Res.* , 6, 193-207, 2004.

[105] Bozzi, A. , Yuranova, T. , Kiwi, J. , J. *Photochem. Photobiol.* A, 172, 1, 27-34, 2005.

[106] Yuranova, T. , Mosteo, R. , Bandara, J. , Laub, D. , Kiwi, J. , J. *Mol. Catal. A-Chem.* , 244, 1-2, 160-67, 2006.

[107] Yang, F. C. , Wu, K. H. , Huang, J. W. , Horng, D. N. , Liang, C. F. , Hu, M. K. , *Mater. Sci. Eng. C.* , 32, 5, 1062-67, 2012.

[108] Zhang, L. , Luo, J. , Menkhaus, T. J. , Varadaraju, H. , Sun, Y. , Fong, H. , J. *Membr. Sci.* , 369, 1, 499-05, 2011.

[109] Pant, H. R. , Pandeya, D. R. , Nam, K. T. , Baek, W. I. , Hong, S. T. , Kim, H. Y. , J. *Hazard. Mater.* , 189, 1, 465-71, 2011.

[110] Shalumon, K. T. , Anulekha, K. H. , Nair, S. V. , Chennazhi, K. P. , Jayakumar, R. , *Int. J. Biol. Macromol.* , 49, 3, 247-54, 2011.

[111] Munim, M. and Ramkumar, S. S. , *Indian J. Fibre Text. Res.* , 31, 41-51, 2006.

[112] He, L. , Xu, Q. , Hue, C. , Song, R. , *Polym. Compos.* , 31, 5, 921-27, 2010.

[113] Kim, Y. -H. , *J Korean Inst. Electr. Electron. Mater. Eng.* , 23, 3, 250-259, 2010.

[114] Dharmaraj, N. , Kim, C. H. , Kim, H. Y. *Mater. Lett.* , 59, 3085-3089, 2005.

[115] Xu, S. Y. , Shi, Y. , Kim, S. G. , *Nanotechnol*, 17, 4497-01, 2006.

[116] Liao, M. , Zhong, X. L. , Wang, J. B. , Xie, S. H. , Zhou, Y. C. , *Appl. Phys. Lett.* , 96, 012904, 2010.

[117] Mimura, K. I. , Moriya, M. , Wataru, S. , Toshinobu, Y. , *Compos. Sci. Technol.* , 70, 3, 492-497, 2010.

[118] Tereshchenko, A. V. , Smyntyna, V. A. , Konup, I. P. , Geveliuk, S. A. , Starodub, M. F. , Metal oxide based biosensors for the detection of dangerous biological compounds, in: *Nanomaterials for Security*, J. Bonča and S. Kruchinin (Eds.), NATO Science for Peace and Security Series A: Chemistry and Biology, Springer, Dordrecht, 2016, DOI https://doi. org/10. 1007/978-94-017-7593-9_22.

[119] Chanishvili, N. , Bacteriophage-based products and techniques for identification of biological pathogens,

in: *Nanotechnology to Aid Chemical and Biological Defense*, T. Camesano (Ed.), NATO Science for Peace and Security Series A: Chemistry and Biology, Springer, Dordrecht, 2015, DOI https://doi. org/ 10. 1007/978-94-017-7218-1_2.

[120] El-Kirat-Chatel, S. and Beaussart, A., Atomic force microscopy tools to characterize the physicochemical and mechanical properties of pathogens, in: *Nanotechnology to Aid Chemical and Biological Defense*, T. Camesano (Ed.), NATO Science for Peace and Security Series A: Chemistry and Biology, Springer, Dordrecht, 2015, DOI https://doi. org/10. 1007/978-94-017-7218-1_1.

[121] Grygorova, G., Klochkov, V., Mamotyuk, Y., Malyukin, Y., Cerium dioxide CeO2-x and orthovana-date (Gd0. 9Eu0. 1VO4) nanoparticles for protection of living body from X-ray induced damage, in: *Nanomaterials for Security*, J. Bonča and S. Kruchinin (Eds.), NATO Science for Peace and Security Series A: Chemistry and Biology, Springer, Dordrecht, 2016, DOI https://doi. org/10. 1007/978-94-017-7593-9_23.

[122] Kharlamova, G., Kharlamov, O., Bondarenko, M., Khyzhun, O., Hetero-carbon nanostructures as the effective sensors in security systems, in: *Nanomaterials for Security*, J. Bonča and S. Kruchinin (Eds.), NATO Science for Peace and Security Series A: Chemistry and Biology, Springer, Dordrecht, 2016, DOI https://doi. org/10. 1007/978-94-017-7593-9_19.

[123] Prabhakar, S. and Melnik, R., Spin relaxation in GaAs based quantum dots for security and quantum in-formation processing applications, in: *Nanomaterials for Security*, J. Bonča and S. Kruchinin (Eds.), NATO Science for Peace and Security Series A: Chemistry and Biology, Springer, Dordrecht, 2016, DOI https://doi. org/10. 1007/978-94-017-7593-9_3.

[124] Kwon, S. K., Ahn, J. M., Kim, G. H., Chun Chang, Hwan., *Polym. Eng. Sci.*, 42, 11, 2165-2171, 2002.

第7章
用于防御的智能纳米织物

Madhuri Sharon

印度马哈拉施特拉邦，肖拉普尔郡，阿肖克乔克市，W. H. Marg WCAS 纳米技术及生物纳米技术 Walchand 研究中心

> 只要技术够先进，魔法就能成为现实。
>
> Arthur C. Clarke

7.1 介　绍

随着纳米技术的出现，人们开始寻求将其应用于多个领域，以期产生革命性的变化。开发智能纳米织物或纳米织物就是其中之一。这一技术之所以引起了国防研究人员的注意，是因为在纳米尺度上材料可以被操纵，从而产生智能织物的新功能，这些功能可以自我清洁、感知、驱动甚至通信。例如，用于织物表面涂层的抗菌纳米粒子和固有导电聚合物（如碳纳米管）等材料，在军事、医疗保健、体育和新的时尚潮流中有许多潜在应用。在军事应用方面，人们设想这些织物可以监测穿着者周围环境的危害，并不断更新穿着者的健康状况。智能纺织品可以拥有包括传感器、执行器、控制器和无线数据传输设备等的人体传感器网络。

智能织物面临的挑战不仅是要即兴发挥和提升织物的现有功能，而且要能保持织物的外观、触感、柔韧性、舒适性、耐洗性和手感。对于在军事上使用的智能织物来说，必须集成温度调节器来保持体温，集成传感器来监测佩戴者和环境，并且要有一个设备来处理信息、感知刺激（机械、热、化学、电或磁源）并做出反应。因此，简单地说，智能织物应该集成传感器、执行器、控制单元、数据传输和处理单元。要整合所有这些功能，关键的组成部分是纳

米技术的应用和使用。

7.2　智能皮肤材料简史

人们为了使用导线制作基础织物已经努力了近 1000 年。几个世纪以来，来自印度、中国、希腊、拜占庭、日本和韩国的工匠都在织物上缠上非常精细的金线和银线来织锦[1]。大约 3000 年前，Rishi Arti 和他的妻子 Anusuya 向 Sita（Ram 的妻子）赠送了可以自我清洁的衣服（纱丽服）[2]。中国织锦的制造始于公元前 481 年至公元前 403 年[3]。扎里锦（一种银、金和铜线织成的夹金属织锦）是在印度 19 世纪中叶 Akbar 皇帝统治时期发展起来的。

19 世纪末，结合电子元件的服装被开发出来，其织物可以发光[4]。到 20 世纪 60 年代，第一件可以充气、放气、发光、加热及冷却的供航空航天员穿着的宇航服被制造出来，并且于 1961 年 5 月 5 日随航空航天员 Alan Shepard 一起飞入宇宙。1985 年，Harry Wainwright[5] 为普通大众设计了一款全动画运动衫。它由光纤、LEDs 和一个微处理器组成，用以控制各个动画帧，从而使服装表面呈现出一幅全彩色的卡通画。后来，在 1995 年，他发明了一台机器，用它在 1997 年第一次把光纤加工成了织物。值得一提的是，德国机器设计师——赛尔巴赫机械公司的 Herbert Selbach 生产了第一台可以自动将光纤植入任何柔性材料的数控机床，并于 1998 年为迪士尼乐园生产了动画外衣。最新的智能面料生产于 2005 年，并于 2007 年 5 月 7 日在华盛顿特区举行的智能面料大会上进行了展示。会上还展示了心电图（ECG）生物物理显示外套，该外套具有 LEDs/光学显示器，手表中使用 GSR 传感器，通过蓝牙连接到牛仔外套中的嵌入式可机洗显示器。智能织物的另一个里程碑是 Wainwrights 展示的嵌入到织物中的可用于敌我识别的红外数字显示器，该产品在 2010 年获得了 NASA 颁发的"荣誉奖"。这款产品推动了麻省理工学院（MIT）的科学家们对"可穿戴计算机"的研究，并推动了将电子设备集成到服装中趋势的发展。2012 年，Wainwright 展示了智能织物的创意，它可以使用任何智能手机改变颜色，在没有数字显示屏的情况下指示手机上的来电者，并且包含 WiFi 安全功能，可以保护钱包和个人物品免遭盗窃。而且，人们还在探索将数字电子与导电织物集成的可能性，一种刺绣电子电路的方法也在研究之中[6]。

7.3　智能织物的种类

基于迄今为止智能织物的表现，可以将三代智能织物分类为：①被动型智能织物；②活性智能织物；③超小型织物。

7.3.1　被动型智能织物

被动型智能织物是第一代智能织物。添加到织物中的新材料能够对穿着者及其周围环境进行被动、非接触式的感知[7]。不论环境如何变化，被动模式都可以工作[8]。例如，不论外界温度如何，绝缘涂层都能将温度保持在相同的程度。被动式智能织物的其他属性是抗微生物、抗气味、抗静电和防弹能力等。

7.3.2　活性智能织物

活性智能织物是第二代智能织物。它们同时包含执行器和传感器。在活性工作模式下，这些活性织物自动调整其功能以适应变化的环境。活性织物是防水（亲水）、透气和吸气，能够生产具备热调节能力的服装，保持穿着者的体温，可以储存和释放热量，织物（服装）是电加热的，还可以记忆形状以及改变颜色。

7.3.3　超小型织物

超小型织物是最智能的第三代智能织物。它们不仅能感知，还能通过推理和激活反应，对不断变化的环境条件或刺激做出反应和适应。现代超智能织物套装是将传统的纺织服装技术与结构力学、传感器、执行器、先进加工技术、通信技术等现代科学发展以及人工智能在生物领域的应用相结合而形成的。这些织物中的一个主要元素是小型化的电子元器件，这是适合织物的新材料。它们柔软，穿着舒适，并可按要求设计，如发光织物（图7-1）。

图7-1　发光智能织物

7.4 智能织物的制造

本节将讨论智能功能材料和用于智能织物的纤维。棉、羊毛和亚麻是已知最早用于编织织物的材料。然后是合成纤维的时代。现在，芳香聚酰胺（一种商标名为 Kevlar® 的织物），由于其超高强度，被用于防弹背心。钛非常结实并且很轻，因此，一块钛板可以承受从小弹丸枪到巨大的口径 50（12.7mm）黑尖穿甲弹的冲击。

另一个发展是智能纳米织物，其由导电聚合物作为基材，与碳纳米管或碳涂覆线的导电纱线、导电橡胶以及具有不同功能的纳米粒子或纳米纤维形式的许多其他材料交织而成。当今军事人员及其安全的需要要求织物具有可移动性、保健或康复功能，以及集成到织物中的新型传感器和执行器。正在制造的智能织物的材料必须能够交互、交流和感知。

7.4.1 金属纤维

非常细的纯金属线由复合不锈钢或纤维与导电材料的精细连续导电金属-合金组合制成。用于生产这些纤维的工艺是：①通过束拉丝；②通过切削薄金属板的边缘。这些纤维通过编织或针织用于制造织物，或使用电极监测电生理信号。

7.4.2 导电油墨

在开发导电油墨之前，已知使用以下材料：①由木炭或灯黑与作为黏合剂的水溶性树胶混合制成的碳油墨；②由单宁酸和硫酸亚铁（绿矾）溶液及树胶增稠剂制成的金属（铁）胆油墨；③由炭黑制成的黑色墨水；④以二氧化钛为颜料的白色油墨。现在这类油墨含有以帮助印刷的添加剂，如蜡、润滑剂、表面活性剂和干燥剂；⑤专用油墨使用在水性或有机溶剂（丙二醇、丙醇、甲苯、糖醚等）和树脂中具有特殊性能和颜色的染料，以及防腐剂和润湿剂；⑥银墨水今天已有许多应用，如在交通车票中打印射频识别（RFID）标签，临时修改或修复印制电路板的电路，当一个键被按下时就能感应的带有印制电路的计算机键盘，挡风玻璃除霜器是在玻璃上用油墨印上电路，最近也用来在汽车的后窗上印上电路，起到无线电天线的作用。

导电油墨通常是将石墨或其他导电材料注入墨水中，用于印制能够导电的器件。在智能纺织中，这种墨水用于传感器和/或作为互联基板。

导电油墨已经取代了传统的工业标准，如从镀铜基板上蚀刻铜，从而在所需基板上形成相同的导电迹线。人们考虑使用电墨水制造连接在织物上的声音控制器，当用户按下它时，它就会被激活。通过在常规印制油墨中加入碳、铜、银、镍和金，可以使它们具有导电性。此外，可以使用导电油墨丝网印制所需的布局，以增加织物特定区域的导电性。印制区域随后可用作开关或用于电路激活的压力垫。

7.4.3 固有导电聚合物

因为固有导电聚合物（ICP）（图7-2）具有传感和驱动特性，所以被用于智能织物。第一个 ICP（掺杂聚乙炔）是由 Chiang 等[9]于 1977 年发现的。它可以导电，具有感知和驱动的能力。后来，在 1996 年 Baughmann 等[10]研究了基于 ICP 的执行器，该执行器产生的应力比天然骨骼肌高得多，应变比高模量铁电体高得多，并被称为人造肌肉。Huang 等的研究[11]表明，基于 ICP 的传感器可以通过改变其电阻率或产生电信号以响应外部刺激。导电纱线和纤维是由纯金属或天然纤维与导电材料混合而成。为了使纤维导电，纤维填充有导电材料（如碳或金属粒子）或涂覆有导电聚合物或金属，以及用薄的金属或塑料导电线纺成的纤维。ICP 的制造是通过单体的化学或电化学氧化完成的。氧化可以在溶液中进行，也可以在气相中进行[12]。通常在 ICP 中掺入掺杂剂以增强所需的性能。ICP 织物纤维也是通过连续湿法纺丝制成的。

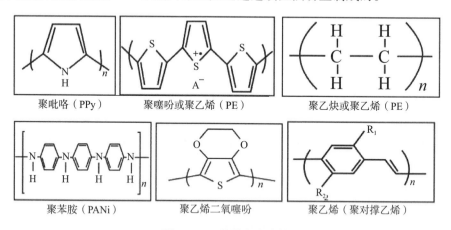

图7-2 一些导电聚合物

一些常见的能够感知、处理信息和驱动的基于 ICP 的智能聚合物（未掺杂形式）如图7-2所示，简要介绍如下。

7.4.3.1 聚吡咯

聚吡咯具有高力学强度和高弹性，在空气中相对稳定，在有机溶液和水溶液中均具有电活性。

7.4.3.2　聚乙炔或聚乙烯

因为聚乙炔在空气中不稳定，所以用途有限。

7.4.3.3　聚苯胺

聚苯胺具有较好的环境稳定性和良好的导电性。PANi 以三种氧化态存在：①完全还原态，即淡色绿宝石碱；②部分氧化态，即绿宝石碱；③完全氧化态，即过硝基苯胺碱。PANi 的另一个性质是，当它在水性质子酸中被氧化时，PANi 使其电导率提高了 9~10 个数量级。

直径在 30~50nm 之间的 PANI/CSA 纳米纤维薄膜已被用作化学传感器[13]，并且在酸（HCl）和碱 NH₃ 蒸气中具有优异的传感性能，这可能与它们的直径有关。ICP 纳米纤维膜被用作传感器来检测与 ICP 相互作用并改变其导电性的化学蒸气。ICP 材料的另一个优点是传感器保留了材料的自然纹理。然而，长时间使用这种器件往往会随着时间的推移显示出电阻的变化，从而影响响应时间。

7.4.3.4　聚噻吩及其衍生物

聚噻吩及其衍生物具有 p 型和 n 型两种形式，可用于构造柔性逻辑电路的聚合物场效应晶体管[14]，也可用于太阳能电池[15-16]。

7.4.4　导电聚合物

导电聚合物（ECP）具有横跨多个数量级的电导率变化范围、离子传输能力，以及与聚合物物理性质相关的结效应和电极效应。因此，它们在电子工业中有广泛的应用（图 7-3）。传统上，导电织物用于控制静电和屏蔽电磁干扰，但现在导电智能织物用作电极以及不同部件之间的互联。

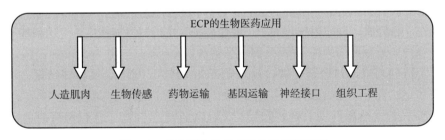

图 7-3　导电聚合物的各种生物医学应用

7.4.5　光纤

光纤由玻璃（二氧化硅）或塑料制成。它们非常薄、柔韧，而且是透明的。光纤有一个被透明包层材料包围的纤芯（图7-4），并具有较低的折射率。它们用于智能服装中，用于：①传输数据信号；②传输用于光学传感的光；③检测织物中由于应力和应变引起的变形；④执行化学传感；⑤传输数据。塑料光纤很容易集成到织物中，它们不发热，并且对电磁辐射不敏感。有的光纤能够自发光，可用于安全背心。

当光穿过光缆时，内部反射使光线沿着光缆内部反弹，并反复从外壁上反弹。除了智能织物，光纤还被用于高速有线电视、高速宽带等通信业务。光脉冲形式的信息通过光纤束向下传送。相比于传统的铜缆电话线，光纤电缆能够传送更多的信号。

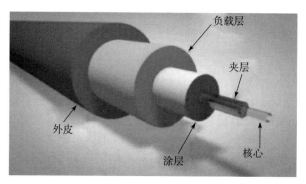

图7-4　典型光纤电缆

7.4.6　形状记忆材料（SMM）

形状记忆合金（SMA）是一种受外界刺激而改变形状的材料。然而，它们有能力记住自己原来的形状，当施加一种特殊的刺激，如热量，达到一定温度时，它们就会恢复到变形前的形状，这称为形状记忆效应（SME）。形状记忆合金是一种轻质、固态的执行器，可替代传统的执行器，如液压、气动和基于马达的系统。最常见的两种SMA是铜-铝-镍和镍-钛合金（图7-5和图7-6）。然而，SMA也可以通过合金化锌、铜、金和铁来制造。镍钛，又称镍钛诺，是一种形状记忆合金。镍钛诺有许多应用，如牙科支具、眼镜架和支架。

SMA针对热源提供了更多的保护。SMA在低于和高于活化温度时的性能不同，因为活化温度取决于合金中镍与钛的比例。类似地，铜锌合金能够产生可逆变化，以消除多变天气条件的影响。形状记忆聚合物（SMPs）具有与镍-钛合金相同的效果，但作为聚合物，它们更适合于织物。由高度功能化的聚合物凝胶机器人（聚2-丙烯酰胺基-2-甲基丙烷磺酸）组成的电活性聚合物（EAPs）有望替代肌肉和肌腱。

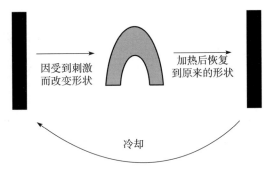

图 7-5　为 SMA 变形和应变恢复示意图
（SMA 在较低温度下为马氏体，加热时转变为奥氏体）

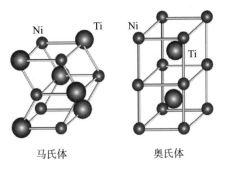

图 7-6　形状记忆材料

7.4.7　变色材料

当光与物质相互作用时，就会产生一种颜色，这就是变色现象。化合物颜色的变化往往是可逆的。色性是基于分子的 π-或 d-电子状态的变化。外界刺激会改变物质的电子密度。有许多天然的和人造的化合物具有特定的色度。色度材料分为以下五类。

7.4.7.1　热致变色

热致变色现象，顾名思义，是由热引起的。这是一种由于温度的变化而改变颜色的特性。这里热是外部刺激。

7.4.7.2　光致变色

光致变色是由光强度的变化引起的，如感光眼镜在阳光下变暗。因为光致变色材料不稳定并且是以粉末状晶体的形式存在，所以生产中要使用的是光致变色油墨。这是由于两种不同分子结构之间的异构化、光诱导晶体中色心的形成以及玻璃中金属粒子的沉淀（图 7-7）引起的。

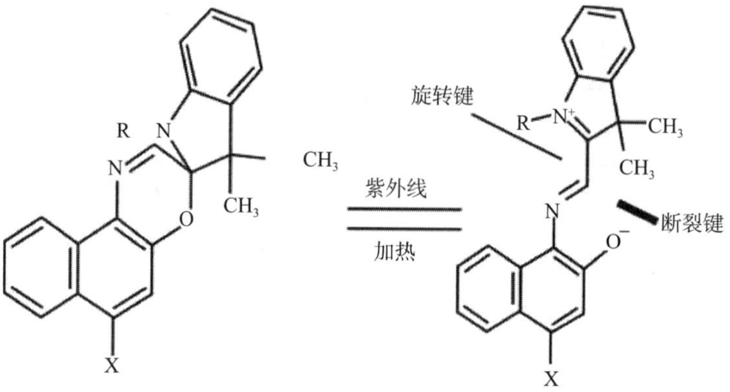

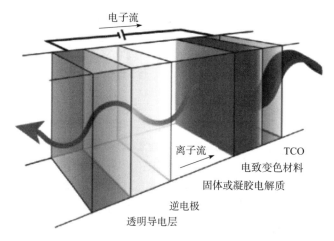

图 7-7　为了改变颜色，光致变色材料的化学结构发生变化的示意图

7.4.7.3　电致变色

电致变色是由具有氧化还原活性位点的化合物（如金属离子或有机自由基）由于外部电作用而引起电子的得失而诱发的。电致变色是一种材料发生变化的现象，是颜色、透明度或其他光学特性对电荷的响应（图 7-8）。

图 7-8　显示在暗场状态下的，电致变色器件堆叠示意图。电子流经外部
电路进入电致变色材料，而离子流经电解质以补偿电子电荷

（资料来源：Runnerstrom 等[17]。开放获取文章，这篇开放获取文章是根据创作共用
授权条款 3.0 授权的）

简单地说，电致变色现象是由一些材料在氧化还原反应的刺激下呈可逆变化的颜色所表现出来的。制造这些电致变色显示器的基础是那些根据施加的电位而改变颜色的材料。

7.4.7.4 压致变色

压致变色固体或液体材料响应外部压力刺激而改变颜色。目前已知塑料和金属配合物，如 Ni（Ⅱ）、Pd（Ⅱ）和 Pt（Ⅱ）与乙醛肟二甲酯，以及 L1：dmg 的配合物具有这种性质。这可以通过对相关电子跃迁的最高占据分子轨道（HOMO）和/或最低未占据分子轨道（LUMO）能级的压力扰动来解释。固体的这些特性，即调节外部压力，被用作电子器件和压力感应器。这些金属配合物可用于原位压力传感器或作为极端环境下的导体。

7.4.7.5 溶剂变色

激发材料产生溶剂变色的外部刺激是液体或气体。溶剂变色是由溶剂引起的化学物质的吸收和发射，它依赖于溶剂的极性。大部分溶剂变色化合物都是金属配合物。这是一个可逆过程，用于探针在聚合物表征中的应用。

7.4.8 相变材料

在国防领域，相变材料（PCM）用于防弹背心织物、汽车，以及医疗设备，这些医疗设备可以集成到衣物中，如内衣、袜子和鞋子等服装、床上用品、睡袋等。在织物中加入的 PCM 必须是人体皮肤的温度范围，这样防护服才能适用于所有类型的天气，无论是最冷的冬天还是最热的夏天。智能 PCM 结合纺织材料可以储存多余的热量，并在需要热量时释放回来。PCM 可应用于涂层、纤维纺丝或如层压的化学整理过程中。

7.5 纳米粒子涂层纺织物

用于制造智能织物的基本材料有金属丝、欧根纱、不锈钢长丝、金属包层芳纶纤维（由高强度和热稳定性的芳香族单体形成的合成聚酰胺纤维）、导电聚合物纤维、导电聚合物涂层和作为纤维的特殊碳纳米材料。其基本织物材料是根据它的用途确定的。碳纳米纤维被用作填料以增加拉伸强度和耐化学性及导电性。纳米技术涉及纳米粒子的使用，是一个日益发展的跨学科技术，正应用于提高智能织物的预期性能和应用。根据需求和期望，现代智能织物必须具有舒适、卫生、耐脏、不褪色、环保、导电、防紫外线、防异味、抗菌、抗静电、透气等特点。这些织物还应具有先进的热性能、耐候性、耐久性，更好的柔软性，更好的撕裂强度、拒水/拒溢性、阻燃性和抗皱性。然而，在国防领域的应用中有更大的需求，而纳米技术恰恰具有许多优势。一些纳米材料已经并入织物材料中，如银、金、二氧化硅、二氧化钛、氧化锌、氢氧化铝、纳米黏土、碳纳米管、炭黑、石墨烯、铜和氢氧化铁。

用金属和金属氧化物纳米粒子进行涂敷，可以赋予织物不同的性能。下面介绍一些成功的尝试。

7.5.1　抗菌织物

微生物污染主要是织物的一个大问题。银纳米粒子（AgNP）和氧化锌纳米粒子（ZnO）具有天然的抗菌活性，因此将 AgNP 包覆在袜子或内衣上不仅可以杀灭微生物，而且可以去除汗臭。

7.5.2　防水织物（疏水织物）防污渍和防溅织物

聚酯纤维被覆以微小的硅酮长丝，用于制造防水织物。对于这个想法，大自然就是我们的老师，因为它已经制造了天然的防水表面，如荷叶，是由微小的纳米结构和（超）疏水物质组成的。Huang 等[18]通过用 70nm 和 160nm 大小的 ZnO 纳米棒包覆蚕丝。只需将蚕丝浸入六水合硝酸锌溶液中，然后干燥，就成功地生产了超疏水性蚕丝。将 Zn 包覆的蚕丝加入到正十八硫醇（ODT）溶液中 12h，然后在烘箱中干燥和烘烤。使用扫描电镜观察到蚕丝表面呈现出层次化的微纳米形貌，显示出直径为 70nm 和 160nm，平均长度为 $0.9 \sim 1.3\mu m$ 的高密度 ZnO 纳米棒的存在。X 射线衍射结果表明这些结构是纯的、结晶度高的 ZnO，XPS 证实它们不含金属 Zn。他们测试了原丝和处理丝的疏水性能。经处理后的真丝与水的接触角为 151.93°，为超疏水性材料。为了检验涂层的耐久性，将织物用碱性和酸性溶液处理，或者将其洗涤。

Schoeller 科技公司已经用纳米球处理织物表面，开发出一种织物，让衣服像荷叶一样疏水。纳米球体的丘陵状表面使得污物或水可以接触的区域更小。类似地，BASF 利用莲花效应开发了一种名为 Mincor® TX TT 的织物，它将纳米粒子紧密地包裹在织物上，将灰尘和污垢阻挡在外面，从而避免灰尘和污垢附着在织物上。污垢只是停留在织物上方的一层空气中，很容易被洗掉。现在 Mincor 被用于遮阳篷、雨伞和帐篷。

纳米技术也应用于制造抗皱和抗污渍的衣服。此外，等离子体可以在织物上产生自由基，也可以用来将纳米粒子插入织物表面。耐脏织物能抵抗液体、油和油脂等引起的变色。Nanotex 公司从桃子上获得灵感，制成了防污的室内装饰织物[19]。Nanotex 公司使用的是二氧化硅纳米晶须，这种微小的毛发状突起会使液体发生珠状聚集并从织物表面滚落。

7.5.3　自清洁织物

二氧化钛（TiO_2）和氧化锌（ZnO）等半导体纳米粒子是用于光催化自清

洁织物的基本纳米粒子，在紫外光源的作用下，它们可以作为光催化剂将有机污渍分解成水和二氧化碳（CO_2）。自清洁概念对医用织物和军服面料非常有用。这种织物的额外好处是，它们将节约用水，减少能源消耗、洗衣成本和时间。在这方面，大自然也是开发自清洁织物的灵感来源，人们从水稻植物、蝴蝶翅膀、鱼鳞等中得到了启示[20-21]。

在光催化过程中，在催化剂存在的条件下，光反应被加速。利用阳光，通常是紫外线（UV），这一过程可以分解污垢分子，有机污染物也可以降解为空气和水[22]。

当能量等于或高于带隙时，光催化剂表面的电子被激发，从价带逃逸到导带，导致导带中表面激发的带负电电子形成电子空穴对，价带中带正电空穴（H+）。所产生的对可以重组或被捕获，并与吸附在光催化剂上的其他物质发生反应。这些对会在表面引起氧化还原反应。负电子（e^-）和氧会结合形成超氧自由基阴离子（O_2^-），而正电空穴和水会产生羟基自由基（OH^-）。最终，所有形成的高活性氧化物将有机化合物氧化成二氧化碳（CO_2）和水（H_2O）。

因此，光催化剂可以分解空气中常见的有机物，如气味分子、细菌和病毒等[23]。

Pisitsak 等[24]已表明纳米 TiO 涂覆棉织物以及纳米 TiO 与气相二氧化硅混合后的自清洁性能。

Huang 等[18]测试了 ZnO 纳米粒子包覆的蚕丝，并通过将干燥的亚甲基蓝粉末放置在其表面来检查其自清洁性能。然后加水就可以将这些粉末完全除去，丝绸仍是一尘不染。而且，当织物用碱性和酸性溶液处理后再水洗时，涂层仍然能保持耐久性。

7.5.4　紫外线辐射防护

已经有许多成功的尝试使得在不同类型的纺织品上具有防紫外线性能，这主要是通过在它们表面涂覆二氧化钛纳米粒子来实现的。通常通过记录 UVA（320~400nm）和 UVB（280~320nm）透过纳米粒子织物的透光率来测试纳米粒子处理织物的紫外线防护性能（即紫外线防护因子或防护系数值（UPF））。

UV 的 UPF 是在织物没有防护的情况下测得的 UV 辐射与有防护的情况下测得的 UV 辐射的比值。UPF 测试使用分光辐射度计进行。用于智能织物的织物至少应具有 15UPF 值，才能被评定为具有紫外线防护功能[25]。ZnO 涂层织物在 UVB 区域（280~315nm）显示出优异的紫外线阻隔能力[26]。同时，Sivakumar 等[27]的研究结果表明，较大粒径的纳米 ZnO 和纳米 TiO_2 与丙烯酸类黏合剂复合后，棉织物的紫外线防护系数值优于较小粒径的纳米 ZnO 处理后的织物。

还有许多其他危险的电离辐射可能会在战争中使用，如伽马射线、X 射线、α 或 β 放射性粒子，但遗憾的是，迄今还没有开发出智能织物来防护它们。人们已经开发出一些防护服以防止放射性同位素进入人体，但它们不能屏蔽电离辐射。美国国土安全部将危险防护服定义为"保护人们免受危险材料或物质（包括化学品、生物制剂或放射性物质）伤害的整体服装"。

7.5.5　防静电或抗静电织物

合成纤维织物，如涤纶和尼龙，当它们与头部接触时，会聚集静电荷，导致头发竖立。为了抵抗静电荷，可以在织物上使用导电的纳米粒子，如氧化锌、二氧化钛和掺锑的氧化锡来分散这种电荷。预计更多由具有纳米粒子和单丝的纳米纤维制成的织物将成为织造"智能织物"的一个组成部分。

7.6　纳米包覆智能织物的应用

除了具有纳米粒子涂层的现代织物，下一代智能织物正在用于国防工业的开发中。开发这些织物需要将这些织物与集成的计算能力相结合，后者能够对外部或内部刺激以及设备之间的通信进行感知和反应。这种计算能力还需要能传导电力或能量，感知、反应和保护内部免受危险环境影响。除服装和服饰外，智能织物的应用已扩展到机器人、航空航天、汽车、医学、飞机、外科手术和军事/国防。同时，在战场上，它们实际上可以充当救命物资。

7.6.1　保健织物

军事部队需要智能服装，以增加其在危险和极端环境条件下的安全性及有效性，并传递实时信息，以增加保护和提高人员生存能力。为此，一个重要的功能是监测生命体征和治疗伤害，同时监测有毒气体等环境危害，并迅速和安全地做出反应。

基于纳米技术支持的可穿戴智能纺织接口可以集成传感器、电极、通信系统，并可以用导电纱线和压阻纱线实现连接[28-29]，是可穿戴医疗保健系统（WEALTHY）和 MyHeart 项目的重点领域。智能织物正在医疗保健的各个方面进行试验和使用（表 7-1），用于持续监测受伤或生病的国防人员。这样，嵌入纺织传感器的具有无线功能的服装可以同时连续地监测 ECG、呼吸、EMG 和其他身体活动，从而使受伤的军人能够克服去医院就诊的难题，得到及时的治疗。除了监测健康状况外，智能织物还可以嵌入用于运动评估的便携式电子电路板、信号预处理和用于数据传输的蓝牙连接。可穿戴敏感智能服装是由完全集成传感器的导电纤维网格组成的。

表 7-1　用于医疗保健和军队人员防护的可穿戴智能织物的一些成就

项目	生产者
棉/莱卡® 织物用于制造集成了碳负载弹性体应变传感器和心电图（ECG）、肌电图（EMG）以及身体运动电极的服装。 为了检测 ECG 和 EMG 信号，使用不锈钢基纱线编织电极。 为了改善与皮肤的接触和匹配阻抗，使用了水凝胶膜	WEALTHY （可穿戴医疗保健系统）是欧盟资助的项目
利用导电和压阻纱线制造可穿戴织物接口、集成传感器、电极和连接点	MyHeart 是另一个欧盟资助的项目
智能衬衫已经上市，用于上面提到的类似应用	SensatexTM
另一款智能衬衫产品是 Life shirt® 系统，该系统提供连续的动态监测	VivoMetrics ®
带有传感器（非侵入式传感器）的智能手套可监测情绪、感觉和认知活动，用于检测自主神经系统的活动。自主神经系统负责人体的无意识生命功能，并测量皮肤温度、皮肤电导和皮肤电位。 为此，手套中集成了一个微型传感器（0.45mm）来监测皮肤温度，同时电极测量皮肤的电活动	MARSIAN （用于自主神经测量的模块化自主记录）系统
现在已经成功试验了两种方法：电极集成以将商业上可获得的银/氯化银电极刺绣到发网手套中；由 Kapton ® 铜箔（150mm 厚）制成的 3D 结构，其电极覆盖在银中	
为消防员和火灾受害者制作的高级电子织物在织物内进行身体生化感应。这些织物监测周围环境，以检测任何潜在的风险。该项目将增加一个可穿戴的传感器和传输系统，以监测健康、活动、位置和环境，并将信息传递给个人和中央监测单元	ProeTEX 是另一个欧盟支持的项目
制造监测穿着者健康状况的织物	Biotex
本发明提供了一种 SmartShirt™ 系统，在被测信号低于显著值的情况下，无线通信系统可以自动发送求救信号到电话呼叫或寻呼机消息，从而通过监控准确位置来为穿着者提供医疗保健和安全保护	Sensatex
Aquapel™ 是防水吸湿的织物，提供凉爽舒适的感受	Nanotex 由 Crypton 公司提供

Collins 和 Buckley 已经证明，导电聚合物涂层织物可以检测非常低的 ppm 限值的危险和有毒气体，如氨和二氧化氮以及化学战模拟物甲基膦酸二甲酯（DMMP）[30]。

部署在山区的武装部队如果穿着装有全球定位系统（GPS）的鞋子就可以被跟踪，让他们使用带有加热器或内置发光二极管的手套就可以在黑夜中跟踪他们。它们统一的面料应该通过向皮肤释放保湿剂来保持水分，通过颜色变化来维持和控制体温，特别是在体力活动时控制肌肉的振动。

7.6.2 自供电智能织物

为机器人找到一种与人相似、对人更友好的智能皮肤的研究基于电阻、电容或晶体管（所有这些都需要电源供应），这意味着更高的能耗和复杂的电路。由 Zhang[31] 领导的一个中国研究小组开发了一种可解决这一问题的自供电智能皮肤。在 2017 年发表的一篇报告中，他们将摩擦起电效应和平面静电感应结合起来，并将它们应用于一种微妙的设备结构中，从而创造出一种自供电的模拟智能皮肤，可以在一个多功能设备中同时检测弯曲和压力。该传感器由两条正交的 CNTs-聚氨酯海绵条制成。该条的结构能同时检测弯曲方向和程度。可以通过控制 CNTs 的长径比和聚氨酯的孔隙率来提高电子皮肤的灵敏度。由于在这种制造中结合了摩擦电效应，这将有助于区分压力和弯曲信号，因为压力产生的摩擦电压是弯曲所不能产生的。

这款智能皮肤本质上是自供电的。Zhang 解释说："摩擦电荷在我们的日常生活中随处可见，当两个表面相互接触时就会发生。当带电表面接近金属块（或电极）时，它会感应出相反的电荷，这就是静电诱导效应。"

此外，它只需要 4 个电极就具有毫米级别的二维分辨率。因此，它有助于降低信号处理电路的复杂性。

7.6.3 基于碳纳米管的智能织物

基于碳纳米管的智能织物（CNF）的力学强度高，其结构柔性超乎寻常，导热性和导电性高，具有新颖的抗腐蚀和抗氧化性，并且比表面积大，是下一代智能织物和可穿戴设备的非常有前途的候选材料。

智能织物的需求之一是实时跟踪佩戴者的位置和生命体征，这不仅对军人很重要，对消防员和警察也很重要。制造智能织物的挑战是将所需的电子设备无缝和隐身地集成到织物中。它需要复杂的输入，如实现电子电路和通信系统，特别是用于传输数据的存储和天线系统。这要求织物具有所需电子功能的光纤而不损失强度和舒适性。CNTs（碳纳米管）是由折叠石墨烯片材制成的高导电性、无缝圆柱形中空管，具有优越的电子和力学性能，并在千兆赫范围内表现出高频特性[32]。CNTs 可以嵌入到许多高频工作的物体中，适用于一系列通信和电子应用，因此 CNTs 正在被集成到智能织物中。CNTs 的载流能力是铜线的 1000 倍，强度比钢还坚固。

基于 CNTs 的聚合物织物可用于制造隐身天线贴片。根据 Foroughi 等的说法[33]，20 个 60GHz 天线单元的典型贴片尺寸约为 50mm×5mm，可用于实现低功耗和高速通信。需要把天线阵列结合在衣服中，因为它将在传感器之间建立通信链路。也需要把天线阵列集成在身体设备上，如注射到血液中的药物递送纳米设备或结合在电子皮肤中的传感器。

CNTs 已经在很多场合体现了其作用，如超级电容器、执行器、传感器、轻型电磁屏蔽、纳米电子器件、AFM 探针尖端以及航空航天工业中用于静电荷的耗散[34-36]。

7.6.3.1　用于智能织物的 CNTs 和金属天线

在智能织物的体表设备开发中，蓝牙技术很有吸引力，因为它能将发射器和接收器集成到服装、制服和头盔中。现在已经开发了用于真皮下植入物的射频识别（RFID）标签。现在他们正把重点放在高频范围，即吉赫范围。这并不说明不需要较低频率范围，低频天线的尺寸较大，并且可以用于位置跟踪，因为其信号可以穿透如岩石等的高密度结构。目前，已经开展了通过大功率发射器在远距离上对服装进行无线信号激励的试验。传统上，天线是由金属制造。但要融入服装，需要更多柔韧且耐腐蚀的材料。Hanson[37] 认为几何形状决定了 CNTs 是金属的还是半导体。但同时，Attiya[38] 给出了 CNTs 天线的低频极限。他建议，CNTs 通信可能仅限于短程应用。然而，Sharma 等[39] 报道了使用 CNTs 片作为接收天线连接到光电二极管（以 1PHz 的速度切换）的光学直角天线（以光学频率工作的天线）。Zahir 等提出了另一种有可能的方法[40]，Kelkar 和 Zaghloul[41] 的专利是使用贴片天线（它允许能量从其表面放射出来）。在低频应用的 CNTs 基天线的开发中，人们正在进行许多使用 CNTs 的试验。因此，获得适合于智能织物或电子织物的 CNTs 基材料是可行的。

7.6.3.2　涂覆 MWCNTs 的储能棉

Bharath 等[42] 通过简单地将织物多次浸渍到表面活性剂十二烷基硫酸钠（SDS）中，并将 MWCNTs 分散在其中，开发了一种 MWCNTs 涂层棉织物。进一步的 KOH 处理有助于通过与存在于棉（纤维素）纤维中的糖苷基团的氢键作用来负载 MWCNTs。用光学吸收光谱（最大波长为 442nm）和 FE-SEM 对负载的 MWCNTs 进行了表征。MWCNTs 与棉纤维的相互作用增强了其电子性质。这种柔性导电棉织物的电阻小于 $1.5k\Omega/cm^2$，其电容为 $40\mu F$。这一方法中最好的部分是通过控制 MWCNTs 涂层量和化学处理（用 5%HNO_3）可以很容易地调节 MWCNTs 涂层棉织物的电阻，以提高负载 MWCNTs 的功能性。此外，通过在蚀刻的 PCB 板（端子触点）之间放置两个涂有 MWCNTs 的织物形成的电容器有约 1F 的充电容量。这种轻质、柔性的棉织物环保、成本低，并且可以用于嵌入式医疗保健和可穿戴电子系统。

7.6.3.3　用于监测复合材料的 CNTs 织物

人们正在开发一种用于监测复合材料的编织 CNTs 织物，它具有内置功能，可以持续监测和诊断自身的健康状态。Luo 等[43] 已经开发了一种通过含有 CNTs 的纤维传感器编织到增强体中来对复合材料纤维织物的加工阶段进行原位监测。

这些基于 CNTs 的智能织物能够高度灵敏地监测和量化复合材料处理的各种步骤，包括树脂注入、交联起始、凝胶时间、固化程度和速率。他们提出，智能织物可以方便、无损伤地集成到复合材料中，从而提供复合材料的终身结构健康监测，包括变形和裂纹的检测。作者展示了智能织物的稳健性和多功能感测技术，用于诊断和评估聚合物复合材料从制造过程到使用阶段，最后到失效的健康状态。

通过将 MWCNTs 增强的纤维粗纱编织到玻璃纤维编织预制件，在复合材料制造的真空辅助树脂传递模塑（VARTM）过程中，利用智能织物传感器提供原位树脂灌注和固化信息已被证明。很容易将智能织物传感器以非侵入性的方式集成到层合结构中，结果表明，这能够以符合预期的方式监测应变和应力状态，以及检测主结构的失效。

7.6.3.4　基于 CNTs 的智能电子织物

智能和可穿戴设备的需求之一是基于 CNTs 的光纤电子原型（忆阻器和光纤超导体），这已经被许多研究人员所证明。

2010 年，Jeong 等[44] 表明，将氧化石墨烯夹在两个平面电极之间显示出记忆效应。Sun 等[45] 已经通过交叉堆叠两根涂有氧化石墨烯纳米片的 CNTs 纤维，开发出了一种基于纤维的忆阻器。该光纤忆阻器表现出非易失性，当正向泄漏电压超过 3.5V 时，器件显示出电流的突然增加，这意味着状态从高阻状态（OFF）切换到低阻状态（ON）。当电压连续扫回到 0V 时，器件保持关断状态。此外，该器件还表现出一次写多次读（WORM）行为。此外，其通/断比约为 1000，这与使用金属电极的基于石墨烯氧化物的忆阻器的值相当。Li 等通过简单地调整用于涂层的氧化石墨烯水溶液的浓度和酸度，将开/关比提高到 109[46]。

在另一个尝试中，Bykova 等[47] 制造了一种 CNTs-MgB$_2$ 超导纤维，其临界温度为 37.8K，重量临界电流密度比致密 MgB$_2$ 丝高 10 倍。这种复合材料本质上是多孔的，密度低（0.124g/cm^3），并且是柔性的，可编织且可针织。其孔隙率可使其快速冷却。

7.7　智能织物用传感器

除上述纤维执行器外，传感器、数据处理单元、通信系统、互联及能量供应采集和存储装置也是可穿戴智能织物的组成部分。这里所说的传感器是一种检测或测量物理性质（光、热、运动、水分、压力或许多其他环境现象）并对其进行记录、指示或响应的装置。传感器的组件因应用而异。例如：

（1）仪器内的数字传感器具有用于信号定时和数据存储的微控制器。

（2）模拟传感器由 PC 机进行分析。

（3）通过互联网上显示多个传感器。

传统的换能器基于较老的热电偶（用于温差）和指南针（用于方向）技术，它们尺寸很大，但通常是可靠的。然而，微电子传感器是毫米大小的，具有高灵敏度却不太坚固，并且可以包含：①光电二极管/光电转换器可以检测光子能量（光）、红外线，以提供接近/入侵警报；②压阻式压力传感器可测量空气/流体压力；③微型加速度计可检测车辆碰撞期间的振动和加速度；④化学传感器可探测 O_2、CO_2、Cl、硝酸盐（爆炸物）；⑤DNA 传感器阵列可以匹配 DNA 序列。

虽然存在许多技术挑战，但一些使用传感器、执行器和生产技术的可穿戴电子织物已经被开发出来，它们可以无缝地将电子特征嵌入到传统的可穿戴织物中。但是，人们目前正在努力将其应用于通过各种方法制造的智能织物/电子织物中，如刺绣、缝纫、编织、非织造、针织、纺纱、织布、涂层和印花。电导率对外界压力/变形的响应变化已用于制造基于织物的力学传感器。

7.7.1　温度传感器

温度传感器是用柔软的织物制成的，如塑料和聚酰亚胺片。传感器被连接或集成到温度敏感的纺织织物上。电阻温度探测器（RTDs）是由涂覆在柔性表面上的铂/镍铬合金（NiCr）组成的。其电阻随温度呈线性变化。所有的导电聚合物和碳基导电粒子聚合物都具有温度依赖性响应。它们在高温下表现出电阻的降低[48]。光纤传感器也可用于感知温度变化。

织物中的传感器用于各种应用，如用于温度传感。Diaconescu 等[49]开发了包含用于测量及显示内部和外部温度的集成电子装置（传感器或换能器）的电子智能织物，其商用型号为 TMP100。

TMP100 除了检测外，还能控制温度。它具有系统的接线图设计，能完成数字传感器温度显示的关键字（代码）编写与实现。变换器包括一个主变送器，也称为敏感元件或传感器。这个传感器可以直接从过程中检索所需参数的信息。

德州仪器建议的温度传感器内部结构如图7-9所示。

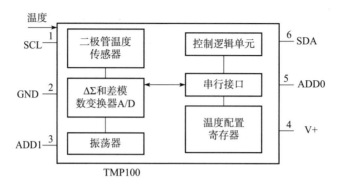

图7-9 TMP100传感器内部结构

（资料来源：TMP100，TMP101-德州仪器：www.ti.cpm/lit/ds/pdf）

7.7.2 湿敏织物

湿度织物传感器可以基于电阻或电容，即电阻式湿度织物传感器通过改变其电导率来响应湿度变化，而电容式湿度织物传感器通过改变其介电常数来响应水蒸气。

适用于电容式湿度传感器的聚合物包括聚醚砜（PES）、聚砜（PSF）和二乙烯基硅烷苯并环丁烯（BCB）。这些敏化基材（聚合物）可以编织成织物。柔性晶体管也是湿度传感器件，可以随湿度水平改变电导率。

7.7.3 电容式压力传感器

电容性光纤是使用溅射金属的硅光纤制造的[50]。有机聚合物在克服硅晶体的刚性方面提供了帮助。电容式压力传感器被缝合、扭合或粘在织物基材上。然后将传感器焊接到其他电子设备或导线上。用于制造电容器的柔顺导电材料也可以起到由电介质隔开的导电板的作用。人们已经尝试通过不同的方法将这些导电板附接到织物上，例如：①编织[51]；②缝制[52]；③在导电线/织物上刺绣；④用导电油墨[53]或导电聚合物[54]涂漆、印刷、溅射或丝网印刷。通常使用的电介质是合成泡沫、织物间隔物和/或软的不导电聚合物。电容式压力传感器的电容大小取决于两块导电平行板的面积、导电材料以及彼此之间的距离。

金属、光纤和导电聚合物被集成到纺织结构中，从而提供导电性、传感能力和数据传输功能。CrossLite™ 公司正在生产具有更高分辨率的电容式压力传感器，可以随着时间的推移感知压力。

7.7.4　电阻式压力传感器

为了测量压力，这些电阻式压力传感器由不同结构的不同导电材料制成。压力和电阻之间存在相关性。电阻材料可根据需要缝制、刺绣或粘接在织物上。在电阻式压力传感器中，电阻性材料被拉伸或压缩时电阻会增加。

根据欧姆定律（$V = R \cdot I$），对于相同的电流，较高的电阻使输出电压增加。因此，拉伸或压缩可以与感测电压相关[55]。导电材料和生产工艺影响传感器的灵敏度及感压范围。因此，制造压敏织物的另一种方法是在其上涂覆导电硅酮。

7.7.5　光学纺织传感器

光学纺织传感器是利用光纤的光敏性，通过光纤布拉格光栅（FBG）传感器来检测光强或光幅的变化。在光纤的光敏性被发现时，Hill 带领的小组首先将其发展起来[56]。微米直径（在微米范围内）的玻璃光纤适用于无缝纺织一体化。为此所使用的光纤光源是一个小型发光二极管，并且光纤末端的光振幅可以用一个小型光电探测器感测。光的振幅会随着织物的运动而变化，从而可以检测到织物的位移和压力。当电流不能穿过纺织基片时，光学纺织传感器是有用的。当弹性织物被拉伸时，通过光纤的光振幅增大，这使得从光电探测器出来的输出电压增大。

7.8　智能纺织用执行器

固有导电聚合物（ICP）用于运动和生理监测，并用于患者康复[57]。PA-Ni 和 PPy（电活性聚合物）可以用作传感器件，并且还可以通过将它们配置为电化学电池内的电极来配置为执行器。当施加电位时，ICP 电极改变其尺寸并作为机械执行器工作。这种执行器集成在织物内，使织物具有电动机功能。科学家们正致力于利用这种独特的特性来开发人造肌肉。

ICP 的驱动特性是由 ICP 的体积变化引起的。应用正电位引线来去除聚合物主链上的电子，并掺入掺杂离子以保持电中性。

根据 Della Santa 等的说法[58]，基于 ICP 的机械执行器可以实现的平均应力是天然肌肉产生应力的 $10 \sim 20$ 倍。Hara 等[59]发现实现的应变（大于 20%）与天然肌肉相当。后来，Wu 等的研究结果表明，在工作频率高达 40Hz 的情况下，实现了快速独立纤维束驱动。

Wu 等[60]报道了使用离子液体 1-丁基-3-甲基咪唑四氟硼酸盐（BMI-BF4)/PANi 纤维执行器系统可以实现超过 100 万次氧化还原循环，使驱动应变的降低最小。

CNTs 和 ICP 的聚合物（PANi）复合材料显示出可提高至-750s/cm 的电子电导率和化学性能，抗拉强度和弹性模量能提高 50%~120%。CNTs 有助于提高强度、坚固性，并具有良好的导电性和显著的电活性。因此，它们在电子纺织应用中具有潜在的用途，如当作为执行器结合到织物中时能提供更大的力，以及当用作连接线时能更好地导电。ICP 纳米纤维薄膜已被用于传感器中，以检测与 ICP 相互作用并改变其导电性的化学蒸气。

这些智能织物有助于形状记忆合金（SMA）执行器的跟踪控制。

7.9　小　结

纳米粒子被掺入织物中以增加其智能性。纳米粒子被涂覆在织物上，以提高织物的性能和功能性。纳米粒子涂层织物是一种耐久性很强的织物，并具有抗菌、防水、防溅、防污渍、防紫外线、自清洁等优点。此外，它还保持了透气性和触感性能，并能抵抗静电荷。

纳米材料集成了各种技术，使得人们能够对佩戴者及其周围环境进行被动及无创的感知。此外，纳米粒子的掺入解决了可穿戴计算的互联问题。目前，传统的互连是用硅和金属元件完成的，这些元件与柔软的纺织基材高度不相容。纳米级技术的集成保留了织物的触觉和力学性能，使智能织物具有足够的柔韧性，可以长时间舒适地穿着。智能织物的领域是高度专业化的，涉及材料科学家、传感器技术专家、工程师、无线网络和计算机专家的研究投入。

参考文献

[1] Marvin, C., When Old Technologies Were New: Thinking About Electric Communication in the Late Nineteenth Century, Oxford University Press, USA, 1990.

[2] Khare, R. and Pandey, J., Smriti. Sci. Eng. Appl., 1, 4, 22-26, 2016.

[3] Ye, L., Fei, F., Wang, T., China: Five Thousand Years of History and Civilization, p. 410, City University of Hong Kong Press, Hong Kong, ISBN: 978-962-937-140-1, 2007.

[4] Gere, C. and Rudoe, J., Jewellery in the Age of Queen Victoria: A Mirror to the World, British Museum Press, London, UK, 2010.

[5] Wainwright, H. L., Design, evaluation, and applications of electronic textiles. In Performance Testing of

Textiles on Science Direct Performance Testing of Textiles Methods, Technology and Applications Woodhead Publishing Cambridge, England, 2016.

［6］Gregory, R. V., Samuel, R. J., Hanks, T., National Textile Centre Annual Report, USA, 2010.

［7］Coyle, S., Wu, Y., Lau, K. T., De Rossi, D., Wallace, G., *MRS Bull.*, 32, 434-432, 2007.

［8］Oakes, J., Batchelor, S. N., Dixon, S., *Coloration Technol.*, 12, 237-244, 2005.

［9］Chiang, C. K., Fincher, C. R., Jr., Park, Y. W., Heeger, A. J., Shirakawa, H., Louis, E. J., Gau, S. C., MacDiarmid, A. G., *Phys. Rev. Lett.*, 39, 1098, 1977.

［10］Baughman, R. H., *Synth. Met.*, 78, 339, 1996.

［11］Huang, S. V., Weiller, B. H., Kaner, B. H., *J. Am. Chem. Soc.*, 125, 314, 2003.

［12］Wallace, G. G., Teasdale, P. R., Spinks, G. M., Kane-Maguire, L. A. P., *Conductive Electroactive Polymers: Intelligent Materials Systems*, 2nd ed, CRC Press, Boca Raton, FL, 2002.

［13］Smith, P. J., Catalog of the exhibition "Body Covering" held at the Museum of Contemporary Crafts, (April 6 through June 9), 1958. Publisher, American Craftsmen's Council. New York City.

［14］Knobloch, A., Manuelli, A., Bernds, A., Clemens, W., *J. Appl. Phys.*, 96, 2286, 2004.

［15］Chen, Q. L., Xue, K. H., Shen, W., Tao, F. F., Yin, S. Y., Xu, W., *Electrochim Acta.*, 49, 24, 4157-4161, 2004.

［16］Mather, R. R. and Wilson, J., *Intelligent Textiles and Clothing*, H. R. Mattila (Ed.) pg. 206-216, CRC Press Boca Raton Boston New York Washington, DC, 2006.

［17］Runnerstrom, E. L., Llordés, A., Lounis, S. D., Milliron, D. J., *Chem. Commun.*, 50, 10555-10572, 2014, doi: 10. 1039/ C4CC03109A.

［18］Huang, J., Yang, Y., Yang, L., Bu, Y., Tian, X., Gu, S., Yang, H., Ye, D., Xu, W., *Mater. Lett.*, 237, 149-151, 2019.

［19］Boysen, E., Muir, N. C., Dudley, D., Peterson, C., Nanotechnology makes fabric water and stain resistant, in: *Nanotechnology for Dummies*, 2nd ed., ISBN: 978-0-470-89191-9, 2011.

［20］Barthlott, W. and Neinhuis, C., *Planta*, 202, 1-8, 1997.

［21］Bixler, G. D. and Bhushan, B., *Soft Matter*, 8, 11271-11284, 2012.

［22］Kumar, B. S., *IOSR-JPTE*, 2, 1, 2348-0181, 2015.

［23］Saad, S. R., Mahmed, N., Abdullah, Mohd Mustafa Al Bakri, Sandu, A. V., IOP Conf. Ser. : Mater. Sci. Eng., 133, 012028, 2016.

［24］Pisitsak, P., Samootsoot, A., Chokpanich, N., *KKU Res. J.*, 18, 2, 200-211, 2013.

［25］Senic, Z., Bauk, S., Vitorovic-Todorovic, M., Pajic, N., Samolov, A., Rajic, D., *Sci. Tech. Rev.*, 61, 3-4, 63-72, 2011.

［26］Shateri-Khalilabad, M. and Yazdanshenas, M. E., *Text. Res. J.*, 83, 10, 993-1004, 2013.

［27］Sivakumar, A., Murugan, R., Sundaresan, K., Periyasamy, S., *IJFTR*, 38, 285-292, 2013.

［28］Paradiso, R., Loriga, G., Taccini, N., *IEEE Trans. Inf. Technol. Biomed.*, 9, 337-44, 2005.

［29］Paradiso, R., Belloc, C., Loriga, G., Taccini, M., *Personalised Health Management Systems*, C. Nugent, P. J. McCullagh, E., , A. E. A. McAdamsLymberis (Eds.), pp. 9-16, IOS Press, Amsterdam, 2005.

［30］Collins, G. E. and Buckley, L. J., *Synth. Met.*, 78, 2, 93-101, 1996.

［31］Shi, M., Zhang, J., Chen, H., Han, M., Shankaregowda, S. A., Su, Z., Meng, B., Cheng, X.,

159

Zhang, H. , *ACS Nano*, 10, 4, 4083-4091, 2016, doi: 10. 1021/acsnano. 5b07074.

[32] Kshirsagar, D. E. , Puri, V. , Maheshwar, Sharon, Madhuri, Sharon. , *Carbon Sci.* , 7, 4, 245-248, 2006.

[33] Foroughi, J. , Mitew, T. , Ogunbona, P. , Raad, R. , Safaei, F. , *IEEE Consum. Electr. M.* , 5, 4, 105-111, 2016, doi: 10. 1109/MCE. 2016. 2590220.

[34] Baughmann, R. G. , Cui, C. , Zakhidov, A. A. , Oqbal, Z. , Barisci, J. N. , Sinks, G. M. , Wallace, G. G. , Mazzoldi, A. , De Rossi, D. , Rinzler, A. G. , *Science*, 284, 5418, 1340-1344, 1999.

[35] Ferrer-Anglada, N. , Kaempgen, M. , Roth, S. , *Phys. Status Solidi B* , 243, 13, 3519-3512, 2006.

[36] Bokobze, L. , *Polymer*, 47, 17, 4907-4920, 2007.

[37] Hanson, G. W. , Fundamental transmitting properties of carbon nanotube antennas. *IEEE Trans. Antennas. Propag.* , 53, 11, 3426-3435, 2005.

[38] Attiya, A. M. , *Prog. Electromagn. Res.* , 94, 419-433, 2009.

[39] Sharma, A. , Singh, V. , Bougher, T. L. , Cola, B. A. , *Nat. Technol.* , 10, 12, 1027-1032, 2015.

[40] Zahir, H. , Wojkiewicz, L. , Alexander, P. , Kone, L. , Belkacem, B. , Bergheul, S. , Lasri, T. , *IET Microw. Antennas P.* , 10, 1, 8893, 2016.

[41] Keller, S. D. , Zaghloul, A. , Shanov, V, *IEEE Trans. Antennas Propag.* , 62, 1, 48-55, doi: 10. 1109/TAP. 2013. 2287272, 2014.

[42] Bharath, S. P. , Manjannaj, J. , Javeed, A. , Yallappa, S. , *Bull. Mater. Sci.* , 38, 1, 169-172, 2015.

[43] Luo, S. , Wang, Y. , Wang, G. , Wang, K. , Wang, Z. , Zhang, C. , Wang, B. , Luo, Y. , Li, L. , Liu, T. , *Sci Rep*, 7, 44056, 2017, doi: 10. 1038/srep44056.

[44] Jeong, H. Y. , Kim, J. Y. , Kim, J. W. , Hwang, J. O. , Kim, J. E. , Lee, J. Y. , Yoon, T. H. , Cho, B. J. , Kim, S. O. , Ruoff, R. S. , Choi, S. Y. , *Nano Lett.* , 10, 11, 4381-6, 2010.

[45] Sun, G. , Liu, J. , Zheng, L. , Huang, W. , Zhang, H. , *Angew. Chem. Int. Ed.* , 52, 50, 13351-5, 2013.

[46] Li, R. , Sun, R. , Sun, Y. , Gao, P. , Zhang, Y. , Zeng, Z. , Li, Q. , *Phys. Chem. Chem. Phys.* , 17, 7104, 2015.

[47] Bykova, J. S. , Lima, M. D. , Haines, C. S. , Tolly, D. , Salamon, M. B. , Baughman, R. H. , Zakhidov, A. A. , *Adv. Mater.* , 26, 7510-7515, 2014.

[48] Lay, M. , Pèlach, M. À. , Pellicer, N. , Tarrés, J. A. , Bun, K. N. , Vilaseca, F. , *Carbohydr. Polym. ss*, 165, 86-95, 2017.

[49] Diaconescu, V. D. , Vorniciu-Albu, L. , Diaconescu, R. , *Buletinul AGIR nr*, 3, 31-35, 2015.

[50] Shen, L. , Healy, N. , Xu, L. , Cheng, H. , Day, T. , Price, J. , Badding, J. , Peacock, A. , *Opt. Lett.* , 39, 5721-5724, 2014.

[51] Bhattacharya, R. , Van Pieterson, L. , Van Os, K. , *IEEE T. Comp. Pack. Man.* , 2, 165-168, 2012.

[52] Avloni, J. , Lau, R. , Ouyang, M. , Florio, L. , Henn, A. , Sparavigna, A. , *J. Ind. Text.* , 38, 55-68, 2008.

[53] Komolafe, A. , Torah, R. , Tudor, J. , Beeby, S. , *Proc. Eurosensors*, 1, 4, 613, 2017.

[54] Yip, M. C. and Niemeyer, G. , *Proceedings of the 2015 IEEE International Conference on Robotics and Automation (ICRA)* , pp. 2313-2318, 2015.

[55] Stewart, R. and Skach, S. , Initial investigations into characterizing diy e-textile stretch sensors. *Proceed-*

ings of the 4*th International Conference on Movement Computing*, London, UK, 28-30 June 2017, ACM: New York, NY, USA, 2017.

[56] Hill, K., Malo, B., Bilodeau, F., Johnson, D., *Annu. Rev. Mater. Sci.*, 23, 125-157, 1993.

[57] Tognetti, A., Lorussi, F., Bartalesi, R., Quaglini, S., Tesconi, M., Zupone, G., De Rossil, D., *J. Neuroeng. Rehabil.*, 2, 8, 2005.

[58] Della Santa, A., Rossi, D. D., Mazzoldi, A., *Smart Mater. Struct.*, 6, 23, 1997.

[59] Hara, S., Zama, T., Takashima, W., Kaneto, K., *Synth. Met.*, 146, 1, 47-55, 2004.

[60] Wu, Y., Alici, G., Spinks, G. M., Wallace, G. G., *Synth. Met.*, 156, 1017, 2006.

第 8 章
用于自适应伪装和结构的纳米材料

Angelica Sylvestris Lopez Rodriguez

华雷斯自治大学化学工程系墨西哥塔巴斯科市

当制定科学和国防技术的宏伟计划时，当权者是否考虑到了实验室和战场上的人们会被迫做出怎样的牺牲？

A. P. J. Abdul Kalam（导弹和核武器科学家）

印度前总统

8.1 介 绍

"纳米材料"一词包括所有那些在纳米尺度上至少有一个维度的材料。在该领域中，包括直径达 100nm 的原子聚集体（团簇）和粒子，直径小于 100nm 的纤维以及厚度小于 100nm 的薄片。

纳米材料存在和应用于几乎所有社会经济部门中，如卫生、能源、纺织、通信和信息技术、安保、运输等。它们包括纳米结构材料、纳米粒子、纳米粉末、纳米多孔材料、纳米纤维、富勒烯、碳纳米管、纳米线、树枝状大分子、分子电子、量子点、薄膜等。

将功能纳米材料引入纺织纤维中，可以产生对外界脉冲响应新性能的新一代功能纤维。

当物质在原子和分子的小尺度上被操纵时，它展示了全新的性质。因此，科学家利用纳米技术创造出创新的、低成本的具有独特性质的材料、装置和系统。纳米技术是将科学和工程中的思想综合应用于理解及生产纳米尺度上的新材料和新器件。

纳米尺度材料表现出与宏观尺度材料非常不同的特性，从而实现了独特的应用。例如：不透明的物质变透明（铜）；惰性材料转化为催化剂（铂）；稳定的材料转化为燃料（铝）；固体在室温下变成液体（金）；绝缘体变得导电（硅树脂）。金等材料在正常尺度下是化学惰性的，但在纳米尺度下可以充当催化剂。

从商业化和发展的角度来看，纳米材料有三大基本类别：金属氧化物、纳米黏土和碳纳米管。从商业角度来看，最先进的是金属氧化物纳米粒子。虽然纳米技术的科学相对较新，但纳米尺寸的器件和功能结构的存在却不足。而且，这样的结构从生命起源就存在于地球上[1]。

纳米技术具有广泛的应用范围，纳米材料的制备是工业领域最重要的指标之一。如果纳米技术得到负责任的发展，它将有可能解决人类的许多问题。在纳米技术的帮助下，可以实现以下几点：

（1）制造改变颜色（伪装）的衣服等新材料。

（2）合成具有自清洁能力构造的新型胶黏剂和新材料。

（3）用于医疗进步，包括药物的使用、癌症等疾病的检测和治疗。利用纳米技术，人们可以建立小的"血管"，将药物直接输送到癌症的肿瘤，从而摧毁它。今后还可以取得进一步的效益[2]。

8.2　伪　装

伪装（camouflage）一词起源于法语 cam-oufler。伪装是一些生物通过着色或身体的外观，模仿周围环境中一些无生命物体或其他生物的外观而不被注意的能力。伪装是指伪装武器、部队、作战物资、舰船等，使其呈现出能够欺骗敌人的形态。在军事环境中，伪装是最基本的，它始于第一次世界大战期间，美国把舰船涂装成灰色，使德国潜艇的瞭望员感到迷惑。后来，这种伪装被转移到飞机上，在飞机上，它的浅灰色使它们与浑浊的海洋深处融为一体。

制服也跟随这一潮流，最常用的伪装是深浅不一的棕色和绿色的混合。这种伪装试图用不同的颜色和阴影来复制树叶茂密的森林的图案，由树枝、树叶、树干等组成。美国陆军在索马里将这种类型的伪装改为棕色和黑色以适应沙漠环境。随后，所有制服从六种颜色变成三种，以更有效地与环境保持一致。

伪装的现代定义可以是"延迟或消除探测器对军事目标的探测，这些探测器在电磁频谱或非电磁辐射（如声、磁等）的多光谱波长区域工作"。伪装的概念和自然一样古老，它一直是其中不可分割的一部分。所有的动物，不论大小，不论是防御还是进攻，都有几种隐藏和伪装的方法来保护自己。一个例子是一种叫作欧洲牛尖蛾的生物，它把自己伪装成树上的一根折断的小树枝[3]。自然界中其他广为人知的例子包括变色龙，它有能力改变自己的颜色以使自己融入周围的环境。

自然界有三种伪装：①保护性拟态，伪装成拥有相应特征的动物（竹节虫、飞蛾、青蛙、比目鱼、蜥蜴等）；②攻击性拟态，与前一种相反，这种拟态是为了出其不意地攻击拥有相应特征的猎物（猫科动物、鲨鱼和变色龙等）；③贝氏拟态，一般无害的动物采用这种拟态，展现一种对其捕食者（飞蛾、蛇、章鱼等）而言是有毒的或危险的物种的外观。

伪装由于其能使动物或物体在环境中隐身等特殊性质，引起了越来越多的兴趣。许多研究者在这一领域做了一些出色的工作[4-10]。

伪装在世界范围内广泛使用，主要是应用于军队中。通常的绿灰色伪装可以让士兵在白天躲藏在树叶中，但到了晚上，一名士兵就很容易受到红外线传感器的攻击。智能结构的应用几乎遍及所有领域，如航空航天、生物医学等[11]。

8.3 军事伪装

军事伪装是一种技能，通过将目标与周围的环境混合，使其不被敌方士兵或车辆注意到。制服还可以模仿自然或人造树丛，如泥、雪树枝等。

第一次伪装是法国军队在1915年前后完成的[12]。几年后，在第二次世界大战中，原始的图案和技术得到了更大的发展，色彩混合也得到了更好的实现，同时这种隐藏形式也得到了更广泛的应用。由于现代技术和现代材料的使用、研究以及适应环境和战争形势变化的需要，人们开发了各种各样的对环境具有最佳性能的伪装。

在第一次世界大战期间，人们尝试了几种战争伪装技术。一种是立体派，被英美用来保护船只免受德国新潜艇的威胁。盟军士气低落，没有有效的防御手段，只好利用空中侦察和摄影技术。法国人在雇佣艺术家设计方法方面是先驱者，这些方法可以降低敌方对军队的感知，以及减少对基础设施的破坏。大多数的尝试都失败了，但它仍在不断完善。

制服抛弃了鲜艳的颜色，转而采用卡其色，这样更适合在地面上隐藏。此外，士兵们为准备自己的装备、给头盔上漆或给衣服上染漆而发愁。有时，在新鲜的油漆上，他们使用沙子来提高最终的效果，达到哑光的光洁度。这是最基本的，因为阳光的任何亮度或反射都会暴露它们的位置。每一种类型都面向特定的场景，以帮助士兵尽可能多地融入环境，以便有更多的成功机会。下节将介绍一些不同军队为保护自己而使用的伪装类型。

8.4　伪装类型

8.4.1　林地伪装

这可能是最流行，使用最多的一种伪装，也是大家都知道的一种伪装类型。它是棕色和绿色在不同色调下的经典混合（图 8-1）。这种伪装试图复制一片由树枝、树叶、树干等形成的不同颜色和阴影的多叶森林的图案。林地伪装已使用多年，但研究和经验告诉我们，它不是在所有情况下都表现最佳的伪装。

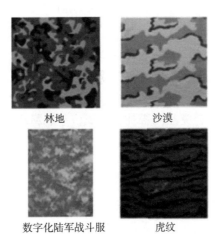

林地　　　　　　　　沙漠

数字化陆军战斗服　　　　虎纹

图 8-1　军事上使用的各种伪装

8.4.2　沙漠伪装

六色沙漠伪装，被美国士兵戏称为"巧克力片伪装"，最早在索马里使用，在伊拉克的沙漠风暴行动中更为广泛。

典型的林地伪装在沙漠的沙质环境和伊拉克及索马里房屋的土坯色中并不奏效。因此，这种类型的伪装被发明为出现在沙漠环境中的颜色，如栗色、棕色和黑色。

制服的材质也改成了涤纶和棉的混合物，以获得耐高温性，并利于排汗。

8.4.3　三色沙漠伪装

在中东地区，士兵们将他们的六色军装改成了更适合他们作战环境的三色军装。

三种颜色的伪装包括栗色、米色和棕色（图 8-1），使士兵在伊拉克的沙漠环境中，几乎可以完美地伪装自己。制服的材质也改成了涤纶和棉的混合物，以耐高温和利于排汗。

8.4.4　数字化陆军战斗服伪装

要想象数字陆军战斗服（ACU），试着想想俄罗斯方块游戏中的跌落块和它们用不同的混合颜色形成的图案。实际上，绿色和棕色色调已经混合在这种类型的伪装中，就像它们是数码相机的像素一样，创造了一种非常通用和多功能类型的伪装，能很好地适应不同的环境和情况（图 8-1）。

这种类型的伪装很好地适应了树木不太密集的空地、沙漠和城市环境。它并不是完美的解决方案。但对于非常多样化的环境来说是最好的解决方案。在这些环境中，士兵不可能根据任务和环境改变制服，因为任务是在不同的环境中同时开发的。这是在西班牙和地中海其他国家使用的最好的制服之一，那里有许多不同类型的环境，突然间森林会变成沟壑、村庄或沙地。

8.4.5　虎纹伪装

丛林或非常茂密的森林最好的伪装无疑是虎纹伪装。它是在越南发明的，现在它已被证明是最好的伪装。这种伪装中交替使用黑暗的阴影，黄色的哑光和深绿色。这种伪装看起来很像老虎的颜色，因此，称为虎纹伪装（图 8-1）。

8.4.6　城市伪装

这款伪装服采用了灰色、黑色和白色的图案。这些颜色是用在混凝土、玻璃和钢铁建筑中的颜色。这种类型的伪装也用于夜间行动。图 8-1 显示了主要的军事伪装。

8.5　主动或自适应伪装

主动或自适应伪装是指通过使用能够改变外观、颜色、光度和反射特性的面板或涂层，使物体与其环境相融合的一系列技术。有了这一点，主动伪装提供了躲避视觉检测的完美隐蔽的能力。使之成为可能的技术之一是有机发光二极管。在照相机的帮助下，物体不会不可见，而是会模仿它周围的环境。

2008 年，出现了对微波频率具有负折射率的超材料。这意味着落在它们身上的辐射不是反射或折射，而是围绕物体弯曲。另一种被称为"相控阵光学"的技术使一种类型的光学伪装成为可能。它可以将背景的三维全息图放置在一个物体的前面，这样这个物体就被隐藏了。

8.6   用于高级伪装的纳米材料

世界各地的军队都在寻找一种 21 世纪的战斗服，这种战斗服必须能抵挡子弹、检测化学和生物制剂、监测受伤士兵的生命体征、进行基本的急救并与总部通信。纳米材料的军事用途应该会为未来士兵提供更好的保护、更多的杀伤力、更大的抵抗能力和更好的自我保障能力。

预计在纳米技术和高强度纳米复合塑料的帮助下，金属将被取代，并且具有以下特性：

（1）减轻重量。

（2）降低军用武器平台的雷达特征（RCS）。

（3）用于物理保护的纳米尺寸碳化硅粒子。

（4）智能部件、内置状态和负荷监督传感器，以提高对重要参数的监控。同时，生物传感器可以用来监测士兵的健康状况。

（5）纳米技术使纳米单元的小型传感器成为可能，其中一些简单的类型可以作为"智能材料"，这些材料可以根据光或热的变化而变化。

（6）有了纳米材料，自愈材料也成为可能。

（7）形状记忆合金正在用于作战飞机套筒中。

（8）自适应材料包括自适应伪装材料、悬挂材料、柔性/刚性材料、纳米流体材料和形状记忆合金等适应变化条件的主动结构。

（9）在飞机中，旋翼振动的抑制是一个特别巨大的设计挑战。纳米化合物可以减少振动。

（10）雷达吸收、伪装和复合涂层降低 RCS。

（11）纳米材料可以包住物体，吸收雷达发射的无线电波，并将其作为分散在太空中的热能释放出来。因此，材料伪装了物体，这使得雷达很难识别它。

（12）纳米技术还用于开发抗弹丸结构、纳米粒子的反应装甲和吸收冲击的纳米管。

（13）纳米粒子的表面涂层使它们变得更硬、更软和/或更隐蔽。

（14）目前，纳米涂料正在开发中，它使无人驾驶飞机、导弹或飞机消失，或者更准确地说，让它们变得非常难以探测。

（15）在过滤器中用于从流体中去除选定杂质的纳米材料在成本上可能变得非常低，因此应用广泛，并可以使潜在有毒杂质浓聚成许多小而分散的部分。"Argonide 纳米材料"过滤器可用于水污染威胁最大的战争中。一个净水器套件将是丛林行动中生存套件的一部分，并用来清洁饮用水[11]。

（16）在纳米技术的帮助下，可以实现电子色彩伪装，士兵可以通过电子色彩伪装隐身，而不被肉眼看到。

（17）由电子色彩伪装制成的织物能够瞬间改变颜色，并与环境相融合。

（18）人们开发了由纳米聚合物制成的抗灰尘、抗变形、抗火灾的纳米复合材料。

（19）近年来，纳米聚合物织物被开发出来，用于分解战争中的生化制剂。

"纳米机器人"或小型移动机器人尚未被开发出来，但理论上是可能的。还有可组装成更大设备的自组装纳米材料。目前正在研制一种人工"电子鼻"，经训练可以探测有毒气体和蒸气，以探测生物/化学/核武器。由包括金、银和镍在内的不同金属的亚微米层构建的"纳米线"也在开发之中，它们能够充当"条形码"，检测炭疽、天花蓖麻毒素和肉毒杆菌毒素等多种病原体。该方法可通过多种病原体独特的荧光特性同时识别多种病原体。通过使用纳米技术和电力技术，人造肌肉可以让士兵在受伤或需要时跳过高墙，从而提高了士兵的能力。当通电时，人造肌肉会收缩，断电时就会放松。然而，到目前为止，人造肌肉的反应还是太慢了。

纳米粒子在陶瓷、粉末冶金和其他类似应用中具有潜在的重要意义。小粒子具有强烈的团聚倾向，这是阻碍此类应用的一个严重的技术问题。然而，一些分散剂如柠檬酸氨（水性）和油酸醇（非水性）是很有前途的解团聚添加剂。它们是具有尺寸在 $1\sim100nm$ 之间的结构特征的纳米级材料。

8.7 小　结

纳米技术在很多军事中的应用正在实现。纳米技术军事研究的主要目的之一是为人员提供用于服装的轻质、结实和多功能材料，既能用于防护，又能提供增强的连接性。通过使用纳米材料来保护士兵，不仅可以伪装他们，而且可以为士兵提供更好的医疗和伤情护理，这些纳米材料得到了研究人员的极大关注。

参考文献

［1］Buzea, C., Pacheco, I., Robbie, K., Nanomaterials and nanoparticles: Sources and Toxicity. *Biointerphases*, 2, 4, MR17-MR71, 2007.

［2］Cobb, M. D. and Macoubrie, J., Technology and applications: Public perceptions about nanotechnology: Risks, benefits and trust. *J. Nanoparticle Res.*, 6, 395-405, 2004.

［3］Blechman, H. and Newmwn A., *DPM-Disruptive Pattern Material*, pp. 26-32, DPM Ltd, Frances Lincoln; London, UK, 2004.

［4］Pendry, J. B., Schurig, D., Smith, D. R., *Science*, 312, 1780, 2006.

［5］Schurig, D., Mock, J. J., Justice, B. J., Cummer, S. A., Pendry, J. B., Starr, A. F., Smith, D. R., *Science*, 314, 977, 2006.

［6］Cai, W., Chettiar, U. K., Kildishev, A. V., Shalaev, V. M., *Nat. Photon.*, 1, 224, 2007.

［7］Liu, R., Ji, C., Mock, J. J., Chin, J. Y., Cui, T. J., Smith, D. R., *Science*, 323, 366, 2009.

［8］Gabrielli, L. H., Cardenas, J., Poitras, C. B., Lipson, M., *Nat. Photon.*, 3, 461, 2009.

［9］Landy, N. and Smith, D. A., *Nat. Mater.*, 12, 25, 2013.

［10］Chen, H. S., Zheng, B., Shen, L., Wang, H. P., Zhang, X. M., Zheludev, N., Zhang, B., *Nat. Commun.*, 4, 2652, 2013.

［11］Tiwari, A., Military nanotechnology. *IJESAT*, 2, 4, 825-830, 2012.

［12］Newark, T., Newark, Q., Borsarello, J. F., *Brassey's Book of Camouflage*, Brassey's, London, UK, 1996.

第9章
纳米技术在航空航天领域的应用

Mahuri Sharon

印度马哈拉施特拉邦，肖拉普尔郡，阿肖克乔克市，W. H. Marg WCAS
纳米技术及生物纳米技术 Walchand 研究中心

在飞行中，生存的概率与到达角之间成反比。

Neil Armstrong

9.1　介　绍

　　航空航天（防务）工业是世界上最重要的重工业之一。无数公司都依赖于这样的能力：以只有空运才能达到的速度将产品和人员运送到世界各地。为了获得最佳的飞机性能，必须找到一种增加效率（运载有效载荷）的飞机设计。因此，人们提出了一些不同的方法来提高效率，其中就包括纳米材料。纳米结构科学与技术是一个广泛的跨学科研究领域，在过去几年中其发展活动在世界范围内呈爆炸式增长。它很可能革命性地改变材料和产品的制造方式，以及可以获得的功能的范围和性质。

　　它已经产生了重大的商业影响。它是指其长度尺度在任何维度上为 1~100nm 的物质。目前的趋势是纳米材料只能有限地用于战斗机。但本章描绘了在什么地方、哪种类型的纳米材料可以在几乎整个飞机上使用，其中也包括导航系统。纳米技术是现代航空和关注度较低的大规模发电的关键实现技术。隐身技术是军事对抗的一个分支学科，它涵盖了一系列用于飞机的技术，目的是使飞机不被雷达、红外和其他探测方法所看到（理想情况下是不可见的）。隐身技术（通常称为"低可观测性"）不是一种单一的技术，而是试图大幅减少车辆可被探测距离技术的组合。这方面内容已经在本书的第 2 章中有所涉及。

所需的国防研究和技术活动的总范围包括以下 6 个领域：

（1）应用汽车技术；

（2）信息系统技术；

（3）建模与仿真；

（4）研究、分析和模拟；

（5）系统概念与集成；

（6）传感器与电子技术。

对于国防领域，所应用的飞行器技术包括，或更确切地说是使用上述所有其他技术上先进的技术，即包括信息系统、分析以及建模和仿真、概念集成、传感器和电子技术。

9.2　纳米材料在不同航空领域的应用

为了推进航空工业的发展，考虑的因素包括：轻型飞机，具有自愈性、少修或免修的多功能材料，环保燃料，降低的燃料消耗、高效的通信系统，延长和安全寿命、更快、小型化、高机动性、智能制导、具有非凡力学性能和多功能性能的智能材料。

纳米技术被设想为一种有望对航空航天部门产生重大影响的技术，因为它可以提供具有高强度、低重量、多功能性的纳米材料，从而让小型和紧凑的飞机成为可能。它们可以用于侦察和监视的全自动化、自动制导和无人驾驶飞行器。纳米粒子由于其完美的材料结构而具有优异的力学性能，尤其是碳纳米管。此外，纳米粒子不仅坚固，而且它们能实现减重，这是轻量级飞机所需要的。

纳米材料主要可用于航空工业的三个领域。主要包括机体结构、飞机及其发动机部件的涂层、电子通信和地雷探测。用于这些目的的纳米材料有金属、陶瓷、聚合物、复合材料等，这主要取决于其在飞机各部位使用的必要性。

9.2.1　飞机机体结构

自从 1903 年莱特兄弟开始发展载人飞行以来，人们就一直在考虑飞机机身和发动机部件的轻质材料的重要性。莱特兄弟选择了一种热增韧的铝合金。从那时起，它就广泛地应用于航空航天工程。多年来，随着航空航天的进步，长途国际航班应运而生，这就要求发动机部件更耐用和更耐疲劳。为了满足这些要求，人们开发了各种铝合金。下面和表 9-1 简要介绍了目前使用的铝合金。

表 9-1　一些常用航空航天铝合金的力学性能

合金	温度	密度/(g/cm)	弹性模量/GPa	屈服强度/MPa	抗拉强度/MPa	断裂韧性/(MPa/m)
2014	T6	2.80	72.4	415	485	26.4
2024	T4	2.77	72.4	325	470	22.0
2219	T62	2.84	73.8	290	415	36.3
7050	T74	2.83	70.3	450	510	38.5
7075	T6	2.80	71.0	505	570	28.6

资料来源：Aerospace Materials and Material Technologies，Volume 1：Aerospace Materials，印度金属研究所系列。Eswara Prasad，RJH. Wanhill，Springer 新加坡

9.2.1.1　飞机较重部件中常用的铝合金

AA2014 是一种强度高、硬度高的铝合金，常用于飞机的框架和内部结构。虽然它适用于电弧，并且耐焊接，但耐腐蚀性差。

AA2024 是用于飞机机翼和机身的最常见和最受欢迎的高级铝合金，因为它具有较高的抗拉强度（约 470MPa）、较高的屈服强度和良好的抗疲劳性能。

AA5052 是一种非热处理合金，具有高抗腐蚀性、高延展性和最高强度。它很容易被锻造成包括配件和发动机部件的不同形状。

AA6061 多用于国产飞机。它的重量极轻，而且比较结实，这使得它对于机翼和机身来说非常完美。而且，它很容易焊接成型。

AA7050 主要用于军用飞机，因为它在很宽范围内保持强度，并且具有很高的耐腐蚀性，所以更能抵抗断裂。机身和机翼蒙皮都采用了这种合金。

AA7068 是目前最强的铝合金，可以承受恶劣的环境和攻击。因此，它被用于许多军用飞机。

AA7075 是一种锌含量很高的合金，使其具有很好的抗疲劳性能和像钢一样的高强度性能。它是第二次世界大战期间战斗机的首选合金，当时三菱 A6M 零型战斗机被日本帝国海军在 1940—1945 年间用于他们的航空母舰上。目前这种合金在军用飞机上仍然经常使用。

9.2.1.2　飞机其他部件中常用的铝合金

AA2219 是一种在高温下提供最大强度的合金。它被用于第一架成功发射的航天飞机"哥伦比亚"号的外部燃料箱。它具有良好的可焊性，只要焊缝经过热处理就可以保持抗腐蚀能力。

AA6063 主要用于建筑和外观修整，并用于飞机复杂的更精细的部件。

　　AA7475 是一种具有高疲劳强度、抗断裂性和韧性的合金。用于较大型飞机的机身舱壁。

　　A1 锂合金是一种未来合金，即铝-锂合金，已经被制造用于航空航天工业，以减轻飞机重量，从而提高飞机的性能。

9.2.1.3　氧化铝纳米粒子

　　预计到 2025 年，铝的需求量为 8000 万 t。通过将纳米材料用于飞机，人们正在研究更多新型的铝纳米粒子合金的应用。氧化铝纳米粒子表现出新的性质，例如：①热导率。氧化铝纳米粒子是一种硬质球形材料，具有高刚度和高热导率，提高了纳米环氧复合材料的热力学性能。导电铝是热和电的优良导体。铝导体的重量大约是具有相同导电性的铜导体的 1/2。铝-铝纳米粒子的导热性和导电性约为铜的 60%，因此它被发展为棒状和管状导体，并在电气上有很多应用；②耐腐蚀性。铝-铝纳米粒子与空气中的氧反应，形成一层极薄的氧化物，并提供极好的防腐蚀保护。如果被损坏，该层可以自行修复。阳极氧化增加了氧化层的厚度，从而提高了自然腐蚀防护的强度；③可回收性。铝-铝纳米粒子可以无限期地循环使用而不会失去其任何固有特性；④坚硬、耐磨；⑤在直流至吉赫频率范围内具有优异的介电性能；⑥高强度/刚度；⑦优良的成型能力。

　　因为可以通过将铝-铝纳米粒子分散到所使用的燃料和飞机的应用中来增强上述性能，所以，航空航天工业越来越多地考虑使用铝纳米粒子。该燃料不仅用作推进剂，而且用作冷却剂，这对于提高燃料的热导率和燃烧焓都是有益的。

9.2.1.4　用于飞机机体结构的纳米材料

　　如上所述，机体结构所需纳米材料的性能应具有重量轻、强度高、韧性高、耐腐蚀、易修复和可重复使用、维护少、耐用等特点。现代航空设计要求飞行器系统具有非凡的力学和多功能特性，包括更快、微型、高机动性、自愈性、智能制导、智能、环保、轻量化和隐身等。现将正在广泛研究和使用的材料介绍如下。

9.2.1.4.1　碳纳米管基聚合物复合材料

聚合物复合材料中的 CNTs 具有较宽的弹性模量范围、较高的比强度、耐碰撞性能和热性能。用于机体结构的聚合物有 CNTs/环氧树脂、CNTs/聚酰亚胺和 CNTs/PP。

9.2.1.4.2　纳米黏土增强聚合物复合材料

纳米黏土增强聚合物复合材料提供屏障，具有阻热和阻燃性能。

9.2.1.4.3 金属纳米粒子复合材料

金属纳米粒子复合材料具有静电放电和电磁干扰（EMI）屏蔽性能，是未来制造耐雷击结构的材料。

9.2.2 纳米涂层

涂层是应用于物体表面的覆盖物，通常称为基底。在许多情况下，涂层被应用来改善基材的表面性能，如外观、附着力、润湿性、耐腐蚀性、耐磨性和耐划伤性。

因为纳米材料具有独特的物理、化学和物理化学性质。并有望比块状材料提高防腐性能，所以纳米技术在防护涂层中的应用近年来得到了极大的发展。

涂层的组成一般为颜料、黏合剂、添加剂、填料和溶剂。但是，纳米涂层是通过使用所需性能的纳米级粒子来生产的。纳米涂层可以是纳米晶涂层、多层涂层和纳米复合材料。SiO_2 纳米粒子可以用作填料。涂层可以是：①功能性涂层，它具有自清洁、防污、易清洗、柔感和杀菌功能；②自组装纳米涂层，其灵感来自自然愈合过程。自清洁涂层具有一种特殊的功能特性，称为"莲花效应"，即生物表面自然的自我修复的能力。荷叶的自洁特性是由于其特殊的表面形态防止污垢与表面形成亲密接触，以及其叶片排斥水分的高亲水性。因此，当水滴滚到叶面上时，它们带走了污染物。

人们提出纳米材料可能被作为涂层材料，因为它们可以是摩擦改性剂，主要包括碳化物、氮化物、金属和陶瓷。例如：①SiC 粒子增强的氧化铝中的 SiC 纳米粒子；②钇稳定的纳米锆。

与单一陶瓷材料相比，为了促进裂纹愈合，实现耐高温、高强度和抗蠕变性能，以下纳米材料正在被使用：①嵌入非晶 Si_3N_4 中的 TiN 纳米晶用于耐磨涂层；②由结晶碳化物、类金刚石碳化物和金属二硫属化物制成的纳米复合涂层；③用于低摩擦和耐磨应用的锡；④聚合物涂层中的纳米石墨、纳米铝用于静电放电、EMI 屏蔽和飞机表面的低摩擦应用。

二氧化钛具有自清洁能力。其表面能高，故具有亲水性。因此，水不会在涂有二氧化钛的表面上形成水滴，而是形成密封的水膜。

当用紫外光源（如太阳光）照射光催化 TiO_2 粒子时，电子从粒子的价带（VB）被激发到导带（CB）。这在 VB 中产生了一个带正电荷（H+）的"空穴"区域，并在 CB 中产生了一个自由电子。这些载流子可以重新结合或迁移到表面，而空穴可以与羟基或吸附在表面的水分子反应，产生不同的自由基，如羟基自由基（OH·）和氢过氧自由基（HO$_2$·）。

为了实现表面涂覆，需要将 TiO_2 纳米粒子分散在环氧树脂基体中。

　　纳米结构涂层具有传统涂层所不具备的优良特性，因此具有广泛的应用前景。自组装纳米相（SNAP）涂层是飞机铝合金铬酸盐基表面处理的潜在替代材料。SNAP 工艺用于在 A1 航空航天合金上形成致密的保护性有机表面处理薄涂层。从分子水平向上设计涂层成分的能力为创造多功能涂层提供了巨大的潜力（图 9-1）。SNAP 涂层被用作完整飞机涂层系统的一部分，以保护飞机的铝合金免受腐蚀。涂装步骤按涂装顺序包括表面准备、表面处理、底漆和面漆。

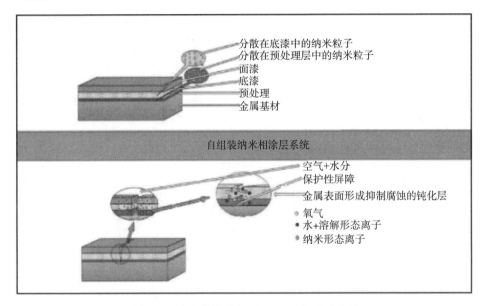

图 9-1　自组装纳米相（SNAP）体系示意图

　　第二次世界大战期间，德国研制了在潜水艇上的第一种隐身涂层，用于吸收雷达的微波。虽然没有任何飞行器是雷达完全看不到的，但纳米涂层使得常规雷达难以有效地探测或跟踪它们。雷达吸波材料（RAM）基本上是涂在外表面的油漆。

　　这些涂料是具有如碳介电成分的磁性铁氧体基物质。RAM 减小了雷达散射截面，使物体显得更小。在这种情况下，飞机喷射一股电离气体流包围了飞机，导致大部分雷达波被吸收。纳米粒子用于飞机涂层的用途是使保护飞机发动机不受热影响的表面绝热。瑞典西部大学的研究人员表明，这将涂层的使用寿命提高了 300%。有一些试验是在飞机发动机上喷涂悬浮等离子喷涂纳米粒子，以屏蔽发动机的热量。这将有助于提高温度，从而提高效率，降低燃料消耗和减少排放。已有尝试在陶瓷隔热层的基材中加入塑料。加入塑料是为了产生孔隙，使材料更有弹性。人们进行了许多努力以使这一层具有弹性。

正如瑞士公司 FlightShield 声称的那样，FlightShield 制造飞行防护罩，它是一种晶莹剔透的纳米涂层，与飞机涂层表面化学键合，提供一种超光滑、高光泽和耐蚀的保护层涂层。这种涂层介于有害污染物和油漆之间，提供特殊的保护和光泽保持性能。FlightShield 通过为极端天气、紫外线、除冰液、污垢和虫子构建屏障来保护飞机涂层。此外，FlightShield 通过排斥有害的污染物（会使涂层降解）来延长飞机涂层的使用寿命，从而使涂层的使用寿命非常长。该产品可固化并黏合到涂层表面，创造出持久耐用的光洁度，同时通过排斥污垢、机油、排气污渍、冰液和虫子等污染物，以减少清洁费用。简单地说，飞机将保持更长时间的清洁，因此减少了清洁成本。

飞机上的纳米技术涂层减少了高达 2% 的碳排放，同时也减少了燃料消耗。Nanoshell 公司正在为飞机制造铝纳米粒子涂层发动机部件。

9.2.3 航空发动机零件

纳米粒子用于以下几方面：

（1）飞机用超级电容器是陶瓷钛酸钡和钛酸锶钡制造的。它们是纳米机电系统（NEMS），以开发一个用于航空发动机燃料控制的标准燃料管理单元；

（2）航空发动机中使用的垫片和密封剂是橡胶化合物中的纳米石墨和纳米二氧化硅；

（3）人们正在研发抑制铝或航空结构的腐蚀，以及纳米铬基缓蚀剂；

（4）导电塑料用于需要 EMI 屏蔽的静电放电的飞机的各种部件，它们是铜、铝和铁的纳米粉末；

（5）降落伞和飞机避雷器布料是纳米纤维和用于纳米纤维与聚合物的复合材料。

9.2.4 飞机电子通信系统

纳米粒子在数据存储介质、传输和检索方面的应用目前正处于广泛的研究阶段，并在不久的将来显示出巨大的应用可能性。随着 IT 市场和行业的增长，对下一代数据存储技术的需求越来越大，这种技术可以超越 Gordon E. Moore 文章[1]提到的 Moores 定律。

按照他的说法，集成电路上的晶体管数量将呈指数级增长。他的观察从那时起经受住了时间的考验。图 9-2 显示了过去 30 年中磁数据存储的面密度趋势。

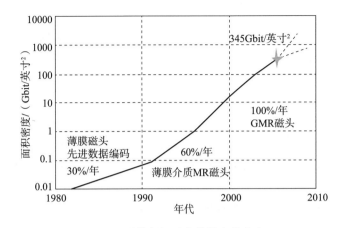

图 9-2　磁数据记录的数据存储密度

（资料来源：Xiaowei Teng, Meigan Aronson, 2011 [2]）

　　但在 Richard Feynmans 的伟大命题和 Eric Drexler 的实用化之后，元件和器件的小型化成为纳米技术领域研究的中心。人们开始研究器件的设计功能，特别是电子波状行为的量子效应。有人预测，硅技术正接近其基本极限。因此，数据存储单元的小型化设计开始于在较小空间中压缩存储的需求，同时也需要保持低能耗需求。为了满足这些需求，纳米技术进入了小型化、快速化、节能化的通信系统。用于通信的纳米组件包括以下几方面：

　　（1）碳纳米管具有独特的弹道电子传输能力和巨大的载流能力，人们目前正在研究在未来将其用于纳米电子学；

　　（2）Fe_2O_3 和 Fe_3O_4 磁性纳米粒子与聚合物薄膜及复合材料可用于各种数据存储介质的图案化。图案化介质用于超高密度磁存储。这就要求采用经济的方法制备纳米级图案化粒子，以及制备超细、均匀有序的纳米粒子，从而获得理论数据存储密度高达 1Tb/英寸^2（1T＝1000G），并且需要粒子之间的间距为 25nm。如果存储密度为 10Tb/英寸^2，则所需的间距将为 8nm。这是目前已知的纳米加工方法很难实现的。因此，低成本、可靠的构图磁性纳米材料以及磁性纳米粒子的自组装和模板定向组装方法被开发出来。这是一个廉价而快速的过程。这些单分散磁性纳米粒子可以被组织到具有二维（2D）或三维（3D）超晶格结构的衬底表面上，以允许高频和高度平行地读出磁性粒子矩阵的方式进行图案化。弱相互作用力，如氢键和疏水相互作用、空间斥力、静磁相互作用、范德华相互作用和库仑相互作用等都支持自组装。其中纳米粒子的尺寸、尺寸分布、形状以及溶剂的性质决定了自组装行为。采用相同的纳米粒子，通过选择合适的条件，实现了从六方密排、方形排到线性链的不同

排样方式;

（3）模板辅助组装-Nykypanchuk 等[3]基于 DNA 自组装特性，使用模板辅助组装纳米粒子的方法，以可控的方式得到了可靠的力学性能。一种经过特殊分子功能化或预处理以获得特殊表面结构的基底被用作模板来生长和组装各种纳米结构;

（4）像钛酸钡和钛酸锶钡这样的陶瓷纳米粒子被用于制造超级电容器;

（5）金属氧化物粒子在数据存储和交换偏置中起着非常重要的作用。硬盘采用超顺磁磁性材料进行数据记录。但是，存在一个超顺磁极限，环境热能使记录到的磁化反转。为了克服这一缺陷，正在开发交换偏置磁性材料。为此目的，要使用具有交换偏置特性的反铁磁耦合磁性材料。交换偏置材料的期望特性是：①高的尼尔温度（热能变得足够大以破坏材料内的宏观磁有序的温度）;②大的磁晶各向异性;③与铁磁膜良好的化学和结构相容性（材料定向记录数据，以表示 0 或 1 二进制数字）。例如，NiO 和 CoO 的反铁磁氧化物是重要的交换偏置材料。

目前人们正在努力使用纳米尺寸的 CoO 和 NiO 以用于下一代数据存储设备。金属氧化物纳米粒子的合成采用"自下而上"的方法;这种化学方法在水或有机液相中进行。该方法易于控制金属氧化物纳米粒子的尺寸和形状。控制它的参数是反应时间、温度和试剂浓度。

这些金属纳米粒子表现出增强的交换偏置效应[4]。要避免纳米粒子体系中存在的磁性纳米粒子之间的范德华引力和/或磁相互作用引起的纳米粒子聚集;通过添加表面活性剂来使用排斥力或稳定力，并提供空间排斥力以增加纳米粒子的稳定性[2]。表面活性剂是长烃链的有机化合物。

9.2.5 探测地雷的雷达技术

国防中最具挑战性的工作之一是探测和安全排除埋藏的地雷。因为不同类型的地雷由不同的材料和结构组成，它们可能被埋藏在不同类型的土壤中，被不同类型的植被或遮蔽物覆盖。因此，安全接触也是一个额外的问题。

最常见的地雷探测技术是使用金属探测器和使用狗进行探测。这是一种缓慢而危险的方法，因为它只能探测深度小于 1m 的爆炸物。Peichl 等提出了一种解决这一问题的创新性雷达方法[5]。发展探测技术所面临的问题是，有许多不同类型的地雷，它们由许多不同的材料和结构组成，埋在不同的深度、不同类型的土壤中，并被不同类型的植被覆盖。

9.3　石墨烯在航空航天中的可能用途

石墨烯是一种二维材料，能用于提高飞机性能，降低成本和提高燃油效率。石墨烯是一种很有潜力的纳米填料，当它作为一种聚合物基复合材料使用时，即使在很低的载荷下，也能显著地改善材料的性能，如拉伸强度和弹性模量、导电性和导热性等。

石墨烯/聚合物复合材料由于其突出的性能正被尝试各种可能的应用。Zhang 等[6]制备了具有力学强度和导电性的石墨烯气凝胶，其比电容为 128F/g，具有优异的倍率性能（恒流密度为 50mA/g），可用作电化学电源电极。它们具有重量轻（12~96mg/cm^3）、电导率高（102S/m）、比表面积大（512m^2/g）、体积大（2.48cm^3/g）和分层多孔结构等特点。通过两种方法制备气凝胶：①超临界 CO_2 干燥；②在不搅拌的情况下加热氧化石墨烯与 L-抗坏血酸的水混合物得到的石墨烯水凝胶前驱体的冷冻干燥。此外，由于其力学性能，石墨烯气凝胶可以支撑 14000 多倍于自身重量，几乎是 CNTs 支撑量的 2 倍。由于石墨烯重量轻、表面积大，以及它们具有的电学和力学性能，NASA 的 Siochi[7]在她的文章 *Graphene in the Sky and Beyond* 中提出了它在航空航天应用中的许多用途。

石墨烯优异的热性能促使石墨烯旗舰公司与欧洲空间局合作，测试石墨烯用于两种不同的空间相关应用，在航空航天和卫星应用的热管理系统，环路热管的性能方面显示出非常有前途的结果。回路热管的主要元件就是热聚集的金属芯。

Haydale 科技公司的首席执行官（CEO）Ray Gibbs 提到，他们已经利用石墨烯开发出了导电环氧树脂，可以显著提高所使用的碳复合材料的导电性。在机身的建造上达到这样的水平，希望能取代铜网的使用（铜网用于防止雷击造成的损坏）。因此，有好的导电性是很重要的。飞机机身目前采用的是铜网。许多用于飞机的复合材料，如托盘、高架储物柜、卫生间固定装置等，都可以由石墨烯复合材料制成，并且在不损害安全的前提下减轻重量，这是飞机工业的不变目标。

2018 年 3 月，英国曼彻斯特大学航空航天技术研究所（ATI）和国家石墨烯研究所（NGI）发布了一篇关于石墨烯在航空航天工业中潜力的新论文。该论文称，"在制造飞机的材料中加入原子厚度的石墨烯，可以显著提高飞机的安全性和性能。"石墨烯的使用还有望减轻材料的重量，并有助于提高飞机燃油效率。

9.4　隐身技术

纳米技术在隐身中的作用在本书的第 2 章中有详细的讨论。

9.5　小　结

本章介绍了包括隐身技术在内的纳米材料在航空领域的潜力。纳米技术的使用提供了轻重量、高强度、高韧性、耐腐蚀性、易修复和可重复使用、少维护、耐用以及成本效益。因为它可以携带更多的有效载荷，并且比传统技术更安全地保护飞机的结构和表面，使其免受恶劣环境的影响。

参考文献

［1］Moore, G. E. , Cramming more components onto integrated circuits. *Electronics*, 38, 8, 117, 1965.

［2］Teng, X. W. and Yang, H. , Effects of surfactants and synthetic conditions on the sizes and self-assembly of monodispersed iron oxide nanoparticles. *Journal of Materials Chemistry*, 14, 774-779, 2004.

［3］Nykypanchuk, D. , Maye, M. M. , van der Lelie, D. , Gang, O. , DNA-guided crystallization of colloidal nanoparticles. *Nature*, 451, 7178, 549-552, 2008, doi: 10. 1038/nature06560.

［4］Inderhees, S. E. , Borchers, J. A. , Green, K. S. , Kim, M. S. , Sun, K. , Strycker, G. , Aronson, M. C. , Manipulating the magnetic structure of Co Core/CoO shell nanoparticles: Implications for controlling the exchange bias. *Phys. Rev. Lett.* , 101, 11, 117202, 2008.

［5］Peichl, M. , Schreiber, E. , Heinzel, A. , Dill, S. , Novel imaging radar technology for detection of land-mines and other unexploded ordnance. *Eur. J. Secur. Res.* , 2, 23-37, 2017, doi: DOI 10. 1007/s41125-016-0011-3.

［6］Zhang, X. , Sui, Z. , Xu, B. , Yue, S. , Luo, Y. , Zhan, W. , Liu, B. , Mechanically strong and highly conductive graphene aerogel and its use as electrodes for electrochemical power sources. *J. Mater. Chem.* , 21, 6494-6497, 2011. www. rsc. org/materials.

［7］Siochi, E. J. , Graphene in the sky and beyond. *Nat. Nanotechnol.* , 9, 745-747, 2014.

缩写词汇对照表

ADDA	Dehydroalanine Derivatives and β-amino Acid	脱氢丙氨酸衍生物和 β-氨基酸
ADN	Ammonium Dinitramide	二硝酰胺铵
AFC	Anti-Ferromagnetically Coupled	反铁磁耦合
AFM	Atomic Force Microscopes	原子力显微镜
AI	Artificial Intelligence	人工智能
AIN	Ambient-Intelligent Networks	环境智能系统
Al	Aluminum	铝
AP	Ammonium Perchlorate	高氯酸铵
ASICs	Application-Specific Integrated Circuits	特定应用集成的电路
ATM	Automatic Teller Machine	自动取款机
ATI	Aerospace Technology Institute	航空航天技术研究所
BBB	Blood-Brain Barrier	血脑屏障
BCB	Benzocyclobutene	苯并环丁烯
BET	Brunauer-Emmett-Teller	比表面积
BHF	Bolivian Hemorrhagic Fever	玻利维亚出血热
BTB	Blood-Tumor Barrier	血肿瘤屏障
CAEN	Chemically Assembled Electronic Nanocomputers	化学组装电子纳米计算机
CDC	Centers for Disease Control and Prevention	疾病控制与预防中心
CEO	Chief Executive Officer	首席执行官
CL-20	Hexanitrohexaazaisowurtzitane	六硝基六氮杂异伍兹烷
CMC-Na	Carbonyl Methylcellulose	羧甲基纤维素钠
CNB	Carbon Nanobead	碳纳米珠
CNF	Carbon Nanofiber	碳纳米纤维
CNMs	Carbon Nanomaterials	碳纳米材料
CNS	Central Nervous System	中枢神经系统
CNTs	Carbon Nanotubes	碳纳米管
CTPB	Carboxyl-terminated polybutadiene	端羧基聚丁二烯
CVD	Chemical Vapor Deposition	化学气相沉积法

DARPA	Defense Advanced Research Projects Agency	美国国防高级研究计划局
DDT	Dichlorodiphenyltrichloroethane	二氯二苯基三氯乙烷
DMMP	Dimethyl Methylphosphonate	甲基膦酸二甲酯
DNA	Deoxyribonucleic Acid	脱氧核糖核酸
DOA	Dioctyl Adipate	己二酸二辛酯
DSC	Differential Scanning Calorimetry	差示扫描量热法
DSSC	Dye-Sensitized Solar Cell	染料敏化太阳能电池
DWCNTs	Double-Wall Carbon Nanotubes	双壁碳纳米管
EADS	European Aeronautic Defense and Space Company	欧洲航空防务航天公司
EAPs	Electroactive Polymers	电活性聚合物
ECG	Electrocadiography	心电图
ECP	Electrically Conductive Polymers	导电聚合物
EDLC	Electrical Double-Layered Capacitor	双电层电容器
EEEV	Eastern Equine Encephalomyelitis Virus	东部马脑炎病毒
EMC	Electro Magnetic Compatibility	电磁兼容
EMG	Electromyogram	肌电图
EMI	Electromagnetic Interference	电磁干扰
ESM	Electronic Support Measure	电子支援措施
ETC	Electronic Toll Collection	电子收费
EW	Entomological Warfare	昆虫战
FBG	Fiber Bragg Grating	光纤布拉格光栅
FC	Fuel Cells	燃料电池
FESEM	Field Emission Scanning Electron Microscopy	场发射扫描电子显微镜
GMR	Giant Magneto-Resistive	巨磁阻
GP	Glycoprotein	糖蛋白
GPS	Global Positioning System	全球定位系统
GSM	Global System for Mobile Communications	全球移动通信系统
HCN	Hydrogen Cyanide	氰化氢
HEM	High Energy Material	高能材料
HNF	Hydrazinium Nitroformate	硝仿肼
HOMO	Highest Occupied Molecular Orbital	最高占据分子轨道
HPLC	High-Performance Liquid Chromatography	高效液相色谱法
HTPB	Hydroxyl Terminated Polybutadiene	端羟基聚丁二烯

HUS	Hemolytic Uremic Syndrome	溶血性尿毒症综合征
IC	Integrated Circuits	集成电路
ICP	Inherently Conducting Polymers	固有导电聚合物
IED	Improvised explosive Charges	简易爆炸装置
IFF	Identification Friend or Foe	敌我识别
InP	Indium Phosphide	磷化铟
IR	Infrared	红外
IT	Information Technology	信息技术
ITO	Indium Tin Oxide	铟锡氧化物
JEV	Japanese Encephalitis Virus	日本脑炎病毒
LANs	Local Area Networks	局域网
LDPE	Low Molecular Weight Polyethylene	低分子量聚乙烯
LEDs	Light-Emitting Diodes	发光二极管
LIDAR	Light Detection and Ranging	激光雷达
LUMO	Lowest Unoccupied Molecular Orbital	最低未占据分子轨道
MEMS	Micro-Electromechancial Systems	微机电系统
MIC	Mold-In-Color	免喷涂工艺
MNT	Molecular Nanotechnology	分子纳米技术
MR	Magneto-Resistive Head	磁阻头
MUAV	man-transportable micro unmanned air_ vehicles	载人微型无人机
MVEV	Murray Valley Encephalitis Virus	墨累谷脑炎病毒
MW	Microwave	微波
MWCNTs	Multi-Wall Carbon Nanotubes	多壁碳纳米管
NASA	National Aeronautics and Space Administration	美国国家航空航天局
NEMS	Nano-Electromechanical Systems	纳米机电系统
OLEDs	Organic Light-Emitting Diodes	有机发光二极管
PBAN	Polybutadience Acrylonitrile	聚丁二烯丙烯腈
PCM	Phase Change Materials	相变材料
PCR	Polymerase Chain Reaction	聚合酶链式反应
PDA	Personal Digital Assistant	个人数字助手
PES	polyethersulfone	聚醚砜
PETN	Pentaerythrite Tetranitrate	季戊四醇四硝酸酯
PETG	Polyethylene Terephthalate	聚对苯二甲酸乙二醇酯

PHS	Personal Handy-Phone System	手持电话系统
PSF	Polysulfone	聚砜
QDSC	Quantum Dot Solar Cell	量子点太阳能电池
RAM	Radar Absorbing Material	雷达吸波材料
RCS	Radar Cross Section	雷达截面积
RDX	Cyclotrimethylene Trinitramine	黑索今
RF	Radio frequency	无线电频率
RFID	Radio Frequency Identification Device	无线电射频识别
RL	Reflection Loss	反射损耗
RNA	Ribonucleic Acid	核糖核酸
RO	Reverseosmosis	反渗透
RTDs	Resistance Temperature Detectors	电阻温度探测器
SAS	Small Angle Scanning	小角度扫描
SDBS	Sodium Dodecyl Benzene Sulfonate	十二烷基苯磺酸钠
SDS	Sodium Dodecyl Sulphate	十二烷基硫酸钠
SEB	Staphylococcal Enterotoxin B	葡萄球菌肠毒素 B
SEM	Scanning electron microscopy	扫描电镜
SERS	Surface-Enhanced Raman Spectroscopy	表面增强拉曼光谱
SLEV	St. Louis Encephalitis Virus	圣路易斯脑炎病毒
SMA	Shape Memory Alloys	形状记忆合金
SME	Shape Memory Effect	形状记忆效应
SMPs	Shape Memory Polymers	形状记忆聚合物
SNAP	Self-Assembled Nanophase	自组装纳米相
STMs	Scanning Tunneling Electron Microscopes	扫描隧道电子显微镜
STF	Shear-Thickening Fluid	剪切增稠流体
SWAT	Special Weapons and Tactics	特警
SWCNTs	Single-Wall Carbon Nanotubes	单壁碳纳米管
TC	Transmission Coefficient	传输系数
TCO	Transparent Conductor	透明导电层
TDI	Toluene Diisocyanate	甲苯二异氰酸酯
TEM	Transmission Electron Microscopy	透射电子显微镜
TGA	Thermogravimetric Analysis	热重分析
UAV	Unmanned Air Vehicles	无人飞行器

UCAV	Unmanned Combat Aerial Vehicles	无人作战飞机
UHMWPE	Ultra-High Molecular Weight Polyethylene	超高分子量聚乙烯
UPF	UV Protection Factor	紫外线防护因子
VARTM	Vacuum Assisted Resin Transfer Molding	真空辅助树脂传递模塑
VEEV	Venezuelan Equine Encephalitis Virus	委内瑞拉马脑炎病毒
VHF	Very High Frequency	甚高频
WEEV	Western Equine Encephalomyelitis	西部马脑脊髓炎
WHO	World Health Organization	世界卫生组织
WMDs	Weapons of Mass Destruction	大规模杀伤性武器
WNV	West Nile Virus	西尼罗河病毒
WORM	Write-Once-Read-Many-Times	一次写多次读
XRD	X-Ray Diffraction	X 射线衍射